高等院校艺术学门类"十三五"规划教材

建筑装饰材料与施工
JIANZHU ZHUANGSHI CAILIAO YU SHIGONG

主　编　董秋敏　孙凰耀
副主编　鲍艳红　蒋芳　鲁甜　张浩
参编　王兰　张聪聪　王莹莹

华中科技大学出版社
http://www.hustp.com
中国·武汉

内容简介

本书主要介绍了建筑室内地面装饰工程、墙面装饰工程、顶面装饰工程、门窗及水电改造工程中涉及的各种材料的种类、应用及其施工工艺。书中配了大量的工艺流程图、材料图样和施工现场实景图,力求使学生通过对本课程的学习,掌握各种装饰材料及其施工的基础理论知识、方法、技巧,为走向工作岗位打下基础。

全书通俗易懂、图文并茂,以专业性、严谨性为基础,突出实用性和系统性,适用性强,力求拓宽读者视野。本书既可作为高等院校室内设计、环境艺术设计与建筑装饰设计等专业的教材,也可作为企业设计人员和相关专业的培训教材。

图书在版编目(CIP)数据

建筑装饰材料与施工/董秋敏,孙凰耀主编. — 武汉:华中科技大学出版社,2016.8(2025.6重印)
高等院校艺术学门类"十三五"规划教材
ISBN 978-7-5680-1962-0

Ⅰ.①建⋯ Ⅱ.①董⋯ ②孙⋯ Ⅲ.①建筑材料-装饰材料-高等学校-教材 ②建筑装饰-工程施工-高等学校-教材 Ⅳ.①TU56 ②TU767

中国版本图书馆 CIP 数据核字(2016)第 138390 号

建筑装饰材料与施工   董秋敏　孙凰耀　主编
Jianzhu Zhuangshi Cailiao yu Shigong

策划编辑:	彭中军
责任编辑:	王 莹
封面设计:	孢 子
责任校对:	刘 竣
责任监印:	朱 玢
出版发行:	华中科技大学出版社(中国・武汉)　　电话:(027)81321913
	武汉市东湖新技术开发区华工科技园　　邮编:430223
录　　排:	武汉正风天下文化发展有限公司
印　　刷:	河北虎彩印刷有限公司
开　　本:	880 mm×1 230 mm　1/16
印　　张:	8.25
字　　数:	256 千字
版　　次:	2025 年 6 月第 1 版第 3 次印刷
定　　价:	49.00 元

本书若有印装质量问题,请向出版社营销中心调换
全国免费服务热线:400-6679-118　竭诚为您服务
版权所有　侵权必究

目录

第一章　建筑装饰材料与施工概述

第一节　建筑装饰材料概述　/2
第二节　建筑装饰工程的要求　/7
第三节　建筑装饰材料的发展趋势　/10

第二章　装饰工程施工规范

第一节　施工工程基本要求　/16
第二节　成品保护　/19
第三节　防火安全　/20
第四节　室内环境污染控制　/23

第三章　地面铺装工程

第一节　概述　/26
第二节　地面装饰材料　/26
第三节　地面铺装工程施工　/40

第四章　墙面装饰工程

第一节　概述　/50
第二节　墙面装饰材料　/51
第三节　墙面装饰工程施工　/66

第五章　顶面装饰工程

第一节　概述　/80
第二节　顶面装饰材料　/83
第三节　顶面装饰工程施工要点　/86

第六章　门窗工程

第一节　概述　/92
第二节　门窗工程施工　/97

第七章　水电暖工程

第一节　电气工程　/108
第二节　卫生器具及管道安装工程　/113
第三节　采暖工程　/117

第八章　其他部位装饰施工

第一节　防水工程　/122
第二节　轻质隔墙工程　/122
第三节　壁柜的制作　/126
第四节　橱柜的制作安装　/127

第一章

建筑装饰材料与施工概述

JIANZHU ZHUANGSHI CAILIAO YU SHIGONG GAISHU

建筑装饰是采用装饰装修材料对建筑物的内外表面及空间进行各种处理的过程。建筑装饰可以保护建筑物的主体结构，完善建筑物的物理性能、使用功能，美化建筑物，是人们生活中不可缺少的一部分。建筑装饰材料与施工是建筑装饰设计的重要组成部分。选用的建筑材料是否安全合理，施工方案是否先进可靠，直接决定着建筑装饰设计意图能否有效实现，因此，建筑装饰材料与施工既是衡量装饰设计综合技术的依据，又是实施装饰设计的重要手段。

第一节 建筑装饰材料概述

建筑装饰材料的作用是为了达到装饰建筑物的艺术目的而具体地运用合适的材料，对实际的墙柱面、楼地面、顶棚、门窗和楼梯等部位进行饰面处理。

一、建筑装饰材料的分类

（一）按使用功能分

1. 结构材料

结构材料指用于建筑物内部，装饰主体结构的材料，包括木材、水泥、金属、砖瓦、复合材料等。结构材料在建筑物中的应用如图1.1所示。

图1.1　结构材料在建筑中的应用

2. 功能材料

功能材料主要起保温隔热、防水防潮、防腐、密封、防火阻燃、采光、吸声等改进建筑物功能的作用。

3. 装饰材料

装饰材料是指附着于建筑物，对建筑物起装饰美化作用的材料。装饰材料对建筑物的各个部分起美化和装饰作用，突出建筑物的时代特征，给人以美的享受。装饰材料包括各种涂料、油漆、镀层、贴面、瓷砖以及具有特殊效果的玻璃等。装饰材料在建筑物中的应用如图1.2所示。

图 1.2　装饰材料在建筑中的应用

（二）按化学成分分

1. 有机材料

有机材料是指由有机化合物组成的材料，实际工程中，将由碳、氢、氧、氮等元素组成的材料统称为有机材料，比如木材、竹材、橡胶、壁纸、装饰布等，简单来说，有机材料都能够在常温常压下燃烧。

2. 无机材料

无机材料又可分为金属材料和非金属材料两种。金属材料包括黑色金属和有色金属（铜、铝等）及不锈钢，非金属材料包括天然石材（大理石、花岗石等）、陶瓷制品（瓷砖、琉璃瓦等）、胶凝材料（水泥、石灰、石膏等）。如图 1.3 所示为天然石材在建筑物中的应用。

3. 复合材料

复合材料是由两种或两种以上不同性质的材料，通过物理或化学的方法，在宏观上组成的具有新性能的材料。各种材料在性能上互相取长补短，产生协同效应，使复合材料的综合性能优于原组成材料而满足各种不同的要求，如玻璃钢等。如图 1.4 所示为玻璃钢制成的月亮长凳。

 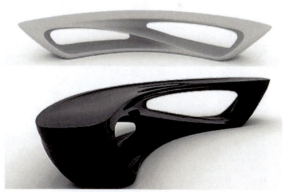

图 1.3　天然石材在建筑中的应用　　　　图 1.4　玻璃钢制成的月亮长凳

（三）按建筑的部位分

1. 外墙饰面材料

外墙饰面材料是可以提高墙体抵抗自然界中各种因素如灰尘、雨雪、冰冻、日晒等的侵袭破坏能力，并与墙体结构一起共同满足保温、隔热、隔声、防水、美化等功能要求的材料。所以外墙装饰材料应兼具保护墙体和美化墙体的双重功能。外墙饰面材料主要有铝扣板、防腐木、大理石、外墙涂料、真石漆、玻璃、饰面砖等。外墙

图 1.5 外墙饰面材料在建筑物中的应用

饰面材料在建筑物中的应用如图 1.5 所示。

2. 内墙饰面材料

内墙饰面材料按材料和施工方法的不同可分为抹灰类、面砖类、涂料类、裱糊类和板材类等，主要材料有涂料、壁纸、墙布、人造装饰板、陶瓷面砖、玻璃、金属等。内墙饰面材料在建筑物中的应用如图 1.6 所示。

3. 地面装饰材料

地面装饰材料应同时具有安全性、耐久性、舒适性、装饰性等多重功能。地面装饰材料大致可分为地板、地毯、地砖、天然石材等几大类。如图 1.7 所示为地板和地毯在建筑物中的应用。

图 1.6 内墙饰面材料在建筑物中的应用

图 1.7 地板和地毯在建筑物中的应用

4. 顶棚装饰材料

顶棚可根据结构特征分为无空间顶棚和有空间顶棚两种。顶棚装饰材料除具有极好的装饰作用外，通常还具有防火、隔音、隔热、防潮等功能。顶棚装饰材料主要包括各种装饰板，有金属装饰板、木质装饰板、石膏装饰板、岩板装饰板、玻璃纤维装饰板及各种复合材料装饰板。如图 1.8 所示为顶棚装饰材料在建筑物中的应用。

建筑装饰材料首先应当选择安全、经久耐用的装饰材料，在考虑技术性能的同时，也必须兼顾经济性。

图 1.8 顶棚装饰材料在建筑中的应用

二、建筑装饰材料的作用

建筑装饰材料是将建筑装饰设计思想落到实处的具体细化处理的材料,是将构思转化为实物的物质。没有合适的、切合实际的建筑装饰材料,即使有最好的构思,也不能构成一个完美的空间。如果建筑装饰材料的处理不尽合理,不但会影响建筑物的使用和美观,而且会造成人力、物力、财力的浪费,甚至诱发不安全因素,因此,在装饰设计中要综合各方面的因素来分析、比较,选择合理、科学、经济的建筑装饰材料。

（1）建筑装饰材料是建筑工程的物质基础,建筑装饰材料的性能、质量和价格直接关系建筑产品的适用性、安全性、经济性和美观性。不论是高楼大厦,还是普通的临时建筑,都是由各种散体建筑材料经过缜密的设计和复杂的施工最终构建而成。

（2）建筑装饰材料的质量直接影响建筑物的安全性和耐久性。从材料的选择、储运、检测试验到生产使用等任何一个环节的失误都会造成工程质量的缺陷,甚至造成重大质量事故。因此,要求工程技术人员必须做到能正确地选择和合理地使用建筑装饰材料。

（3）建筑装饰材料的正确、节约、合理的运用直接影响建筑工程的造价和投资。在我国,一般建筑工程的材料费用要占到总投资的 50%~60%,若是特殊工程,这一比例还要提高,对于中国这样一个发展中国家,对建筑材料特性的深入了解和认识,最大限度地发挥其效能,进而达到最大的经济效益,无疑具有非常重要的意义。

（4）建筑装饰材料的发展赋予了建筑物以时代的特性和风格。西方以石材廊柱为主体材料的古典建筑、中国古代以木架构为代表的宫廷建筑、现代以钢筋混凝土和型钢为主体材料的超高层建筑,都呈现了鲜明的时代感。

（5）不同的建筑装饰材料构建出不同的装饰空间,给人以不同的视觉感受和心理感受,帮助人们打造一个舒适美观的生活、工作空间。

在建筑装饰工程中,建筑材料品种多、数量大、费用高,材料费占建筑、安装工程费的比例很大,直接影响建设成本的高低,因此,要对主要材料、辅助材料、大宗材料、小额材料、临时设施用材料、周转性材料、维修用材料等各类材料的成本进行调节控制,使项目成本整体最低。

三、建筑装饰材料的选择

（一）选择节能环保的建筑装饰材料

选择无污染、无辐射、无毒无害的建筑装饰材料。建筑设计是以改善生活环境、提高生活质量为宗旨,要做到既能满足可持续发展之需,又使得发展与环保相统一;既满足现代人的需求,又不损害后代人的健康、利益。

（二）选择轻质高强的建筑装饰材料

选择质量轻、强度高的建筑装饰材料。轻质高强的建筑装饰材料具有的优点首先是减轻重量，这对节约运输力、降低建筑造价、节约能源都有利。轻质高强的建筑装饰材料目前多见于墙体材料中，框架轻墙体一般有自重轻、耐火性能好、抗震性能强、施工简便的特点，按照设计要求具有不受面积限制等优点。今后的建筑结构多向大跨度、高层发展，轻质、高强、高耐久性的建筑装饰材料是选用的主要方向。

（三）选择便于施工的建筑装饰材料

选择方便工人施工的建筑装饰材料，既能满足建筑设计的要求，又能有效地节约劳动力，降低施工成本。

（四）选择经济合理的建筑装饰材料

选择经济合理的建筑装饰材料，不仅仅是从价格的角度，选择价格便宜的材料，而是要根据建筑装饰材料的使用部位、使用频次等选择质优、价廉、寿命高的建筑装饰材料，以合理的价格建造经济舒适的建筑空间，做到经济效用最大化。如图1.9所示为各种建筑装饰材料。

图1.9　各种建筑装饰材料

续图 1.9

第二节 建筑装饰工程的要求

在建筑装饰工程中必须综合考虑各种因素，通过分析比较选择适合特定装饰工程的最佳构造方案。

一、满足使用功能要求

建筑物是供人们居住、工作、生活所使用的，因此建筑装饰构造要最大限度的满足人们对使用功能的要求。

（一）保护建筑主体

结构构件是装饰构件的基础和依托，是建筑物的支撑骨架，这些建筑构件直接暴露在空气中，会受到空气中各种介质的侵蚀，如铜、铁构件会由于氧化作用而锈蚀；水泥构件会因空气侵蚀而使表面疏松；竹木等有机纤维构件会因微生物的侵蚀而腐朽等。建筑装饰工程中，通常采用油漆、抹灰等覆盖性的装饰措施进行处理。

1. 改善空间环境

建筑装饰工程的目标就是创造出一个既舒适又能满足人们各种生理要求，还能给人以美感的空间环境。对建筑物室内室外进行装饰，不仅可使建筑物不易污染、容易清洗，改善室内清洁卫生条件，保持建筑物整洁清新的外观，而且能改善建筑物的热工、声学、光学等物理状况，从而为人们创造舒适良好的生活、生产、工作环境。

2. 空间利用

建筑空间是建筑物墙体的围合空间，是人们主要的生活空间。建筑装饰工程的其中一项任务就是让建筑空间得到最大限度的使用，所以在装修时一定要特别注意对建筑空间的有效利用，对空间进行精细化设计，争取做到"物尽其用"，提高建筑物的有效面积，充分利用空间，提升建筑空间的容纳能力，以免造成空间浪费。如图 1.10 所示为商场的空间布

图 1.10　商场空间布局

局，既满足了各柜台的产品展示，又实现了人们的正常通行。

3. 协调各工种之间的关系

现代化建筑，尤其是一些具有特殊要求的或大型的公共建筑，其结构空间大、设备数量多、功能要求复杂、各种设备错综布置，常利用装饰中的各种构造方法将各种设备进行有机组织，如将通风口、窗帘盒、灯具、消防管道设施等隐蔽工程与顶棚或墙面有机结合，这就需要各工种之间的有力配合，这样不仅可减少设备占用空间、节省材料，同时可以最大限度地美化建筑物。

（二）满足精神生活的需要

建筑装饰设计在考虑使用功能的要求的同时，还必须考虑精神功能的要求。室内设计的精神就是要影响人们的情感，乃至影响人们的意志和行动，要从色彩、质感等美学角度合理选择装饰材料，通过准确的造型设计和细部处理，使建筑空间形成某种气氛，体现某种风格，突出表明某种构思和意境，使得建筑物产生强烈的艺术感染力，更好地发挥其在精神功能方面的作用，这种艺术表现力称为"建筑的精神功能"。

建筑装饰构造通过正确使用材料，充分发挥和利用不同材料的质感、肌理、色彩以及特性，并运用造型规律（比例与尺度、对比与谐调、统一与变化、均衡与稳定、节奏与韵律、排列与组合），在满足室内使用功能的前提下，做到美观、大方、典雅，将工程技术与艺术加以融合，改变建筑物室内外的空间感。如图 1.11 所示为舒适的室内空间。

图 1.11　舒适的室内空间

二、确保建筑坚固耐久、安全可靠

（一）构件的安全性

构件的安全性首先取决于装饰构件自身的强度、刚度和稳定性，这其中一旦出现问题，不仅直接影响装饰效果，而且可能造成人身伤害和财产损失，如玻璃幕墙的覆盖玻璃和铝合金骨架在正常荷载情况下应满足强度、刚度等要求。

（二）主体结构的安全性

由于装饰所用的材料大多依附在主体结构上，主体结构构件必须承受因此传来的附加荷载，如地面构造和吊顶构造将增加楼盖荷载，重新布置室内空间会导致荷载变化及结构受力性能变化等。因此要正确验算装饰构件和主体结构构件的承载力，尤其是当需要拆、改某些主体结构构件时，主体结构构件的验算非常重要。

（三）构件与主体结构接连的安全性

建筑构件与主体的连接结构一般为隐蔽工程，承担外界作用的各种荷载，并将荷载传递给主体结构，如果连接点强度不够，会导致整个装饰物体坠落从而造成损失，因此，连接结构的安全性对整个建筑的安全性、可靠性以及建筑的整体优化设计起着举足轻重的作用。

（四）耐久性

一座好的建筑可以作为一种文化、一段历史长久流传，而构件本身、建筑主体和它们的连接结构直接影响着整个建筑的耐久性，所以在材料的选择上、施工的工艺上、构造的方法上都要严格要求。如图1.12所示为罗马斗兽场，它是古罗马时期最大的圆形角斗场，建于公元72年至82年间，由4万名战俘用8年时间建造起来的，现仅存遗迹。

三、安全性

（一）疏散的安全性

建筑装饰设计必须与建筑设计协调一致，满足建筑设计相

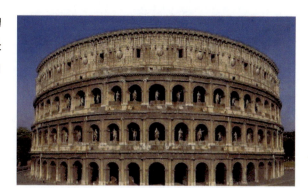

图1.12　意大利建筑罗马斗兽场

关规范的要求，不得在建筑装饰设计中对原有建筑设计中的交通疏散、消防处理进行随意改变，要考虑装饰处理后对消防和交通的影响，例如装饰构造会减少疏散通道或楼梯宽度，增加隔墙会减少疏散口或延长疏散通道等。

现代建筑装饰工程中经常采用木材、织物、不锈钢等易燃或易导热的材料，使建筑物存在火灾隐患，应根据相关消防规范要求采取调整和处理措施。

（二）防震的安全性

地震区的建筑，进行装饰装修设计时要考虑地震时产生的结构变形的影响，减少灾害的损失，防止建筑物出口被堵死。

抗震设防烈度为七度以上地区的住宅，吊柜应避免设在门户的上方，床头上方不宜设置隔板、吊柜、玻璃罩灯具以及悬挂硬质画框、镜框饰物。

（三）环保的安全性

建筑装饰材料的选择和施工应符合国家规范《民用建筑工程室内环境污染控制规范》（GB 50325—2010）的要求，选用无毒、无害、无污染，有益于人体健康的材料和产品，采用取得国家环境认证标志的产品，执行室内装饰装修材料有害物质限量的相关国家强制性标准，避免选择含有毒性物质和放射性物质的建筑装饰材料，如挥发有毒气体的油漆、涂料、化纤制品，放射性指标超过国家标准的石材，防止对使用者造成身体伤害，确保为人们提供一个安全可靠、环境舒适、有益健康的工作、生活环境。为减少施工造成的噪声污染及大量垃圾，装饰装修构造设计应提倡产品化、集成化，配件生产应实现工厂化、预制化。节约使用不可再生的自然材料资源，提倡使用环保型、可重复使用、可循环使用、可再生使用的材料。

四、材料选择合理

建筑装饰材料是装饰工程的物质基础，在很大程度上决定着装饰工程的质量、造价和装饰效果，性能优良、易于加工、价格适中是理想装饰材料所具备的特点。

在进行材料选择时，首先应正确认识材料的物理性能和化学性能，如耐磨、防腐、保温、隔热、防潮、防火、隔声以及强度、硬度、耐久性、加工性能等，还应考虑装饰材料的纹理、色泽、形状、质感等外观特征。其次，应了解材料的价格、产地及运输情况。

五、施工方便可行

建筑装饰工程施工是整个建筑工程的最后一道主要工序，通过一系列施工，使装饰构造设计变为现实。一般装饰工程的施工工期约占整个建筑工程施工工期的30%~40%，高级装饰工程的施工工期可占50%，甚至更长。

因此，装饰构造方法应便于施工操作，便于各工种之间的协调配合，便于施工机械化程度的提高。装饰构造设计还应考虑维修和检修是否方便。

六、满足经济合理要求

装饰工程的费用在整个工程造价中占有很高的比例，一般民用建筑的装饰工程费用占工程总造价的30%~40%。装饰并不意味着多花钱和多用贵重材料，节约也不是单纯的降低标准，重要的是在相同的经济和装饰材料条件下，通过不同的构造处理手法，创造出令人满意的空间环境。

第三节 建筑装饰材料的发展趋势

建筑装饰装修材料是集材性、工艺、造型设计、色彩、美学于一体的材料，是品种门类繁多、更新周期最快、发展过程最为活跃、发展潜力最大的一类建筑材料。建筑装饰装修材料发展速度的快慢、品种的多少、质量的优劣、款式的新旧、配套水平的高低，决定着建筑物装饰档次的高低，对美化城乡建筑，改善人们的居住环境和工作环境有着十分重要的意义。

随着现代化的进程和科学的进步，我国人民生活水平和环境质量的不断提高，建筑装饰材料面临着更大的挑战，涌现出大量的新材料、新技术、新工艺，并被广泛应用于建筑装饰装修中。现代室内装饰装修已从过去单纯追求美观、美化的表面装饰，逐渐发展成一门集艺术、材料、工程技术、声、光等于一体的综合性很强的学科，装饰材料的变化在这个过程中起了至关重要的作用。总体来看，现代装饰材料有以下发展趋势。

一、趋向于绿色环保化方向发展

随着现代人的生活水平和对环境质量要求的不断提高，健康问题成为人们关注得越来越多的问题，饮食的安全、家居的环保问题进入了人们的日常话题，人们对建筑装饰装修材料也提出了更高的要求。绿色环保的理念已经越来越深入人心，人们意识到环保型装饰材料的重要性，在家居装修中也尽可能选用绿色环保型装饰材料，力求改善室内环境，确保健康的生活。

建筑装饰材料的生产是资源消耗性很高的行业，大量使用木材、石材、其他矿藏资源等天然材料，以及化工材料、金属材料，消耗这些材料对生态环境和地球资源都会有重要的影响。节约原材料已成为国家重要的技术经济政策。

环保性是对绿色建筑装饰材料的基本要求，健康性能是建筑物使用价值的一个重要因素，含有放射性物质的产品，含有甲醛、芳香烃等有机挥发性物质的产品是造成环境污染和危害人体健康的主要产品，已经引起各方面高度关注，国家对此也制定了严格的标准，许多产品都纳入了"3C"认证。抗菌材料、空气净化材料是维持室内环境良好所必需的材料；以纳米技术为代表的光催化技术是解决室内空气污染的关键技术；目前具有空气净化作用的涂料、地板、壁纸等材料也开始在市场上出现。这些材料代表了建筑装饰材料的发展趋势，不仅解决了甲醛等气体对空气的污染，而且解决了人体自身的排泄和分泌物带来的室内环境问题。

绿色建筑装饰材料是指那些能够满足绿色建筑需要，且自身在制造、使用过程以及废弃物处理等环节中对地球环境负荷最小并有利于人类健康的材料。凡同时符合或具备下列要求和特征的建筑装饰材料可称为绿色环保型建筑装饰材料。

（1）质量符合或优于相应产品的国家标准。

（2）采用符合国家规定，允许使用的原料、材料、燃料或再生资源。

（3）在生产过程中排出废气、废液、废渣、尘埃的数量和成分少于或等于国家规定允许排放的标准。

（4）在使用时达到国家规定的无毒、无害标准并在组合成建筑构件时，不会引发污染和安全隐患。

（5）在失效或产生废气时，对人体、大气、水质和土壤的影响符合或低于国家环保标准允许的指标规定。

时下健康促进型装饰装修建材产品也将成为绿色建材的重要发展方向，主要包括：抑菌、杀菌类材料及产品，空气调节类材料及产品，这类材料及产品常常以高科技作支撑。以涂料和壁纸为主的室内墙面装饰材料也与几十年前大不相同。涂料，从最早的可赛银进化到多彩涂料，现在已进化到乳胶漆抗菌涂料、杀菌涂料、纳米涂料，这些新型涂料不仅为墙面提供了缤纷的色彩，而且具备了耐擦洗、防污染等特殊功能。如图1.13所示为抗菌墙面漆。壁纸，则经历了印花纸、塑基壁纸到布基壁纸和天然壁纸，特别是以植物纤维和玻璃纤维为基底的天然壁纸，不仅为人们提供了美轮美奂的装饰花纹，而且具备无毒、防火等特性，使室内环境更加美观且安全。

图1.13　抗菌墙面漆

利用建筑材料来节省能源也是绿色环保的一个方面。之前媒体就曾报道，挪威的研究人员和建筑师设计出一座可以自发电的生态房屋，可以在不接入电网的情况下，满足普通家庭的电力需要，房子的富余电力还可供电动汽车使用。这座零能耗试验房的屋顶朝东南方向倾斜，以确保能采集到尽可能多的阳光。如图1.14所示为可以发电的光伏生态房屋。

图1.14　可发电的光伏生态房屋

二、趋向于多功能、复合型材料方向发展

当前，对建筑装饰材料的功能要求越来越高，不仅要求其具有精美的装饰性、良好的使用性，而且要求其具有环保、安全、施工方便、易维护等功能。市场上许多产品功能单一，不能满足消费者的综合要求。因此，采用复合技术发展多功能复合建筑装饰材料已成趋势。

复合建筑装饰材料是由两种及两种以上在物理性质和化学性质上不同的材料复合起来的一种多相建筑装饰材料。把两种单体材料的突出优点统一在复合材料上，具有多功能的作用，因此，复合材料是建筑装饰材料发展的方向，许多科学家预言，21世纪将是复合材料的时代。譬如，大理石陶瓷复合板是将厚度为3~5 mm的天然大理石薄板，通过高强抗渗黏结剂与厚5~8 mm的高强陶瓷基材板复合而成，其抗折强度大大高于大理石，具有强度

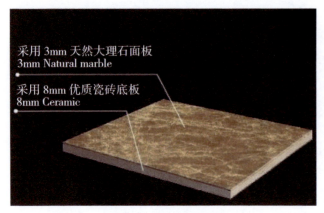

图 1.15 大理石复合瓷砖

高、重量轻、易安装等特点,且保持天然大理石典雅、高贵的装饰效果,能有效利用天然石材,减少石材开采,保护资源环境。如图 1.15 所示为大理石复合瓷砖。又如,复合丽晶石产品是由高强度透明玻璃作面层,高分子材料作底层,经复合而成,目前有钻石、珍珠、金龙、银龙、富贵竹、水波纹、甲骨文、树皮、浮雕面等 10 个系列、100 多个花色品种。丽晶石具有立体感强、装饰效果独特、不吸水、抗污、抑菌、易于清洁等特点,适用于室内墙面、地面装饰,也可用于建筑门窗及屏风。

新型复合型材料是用各种化学原料、木质纤维、秸秆、稻壳、石材等材料在一定的温度条件下,通过筑模、固化而成,从而达到废物再利用、变废为宝、绿色生态、环保节能等要求,符合国家提倡的生态、环保、节能、走可持续发展道路的概念,属于国家扶持项目之一;又由于其产品生产的灵活性和可设计产品范围的广泛性,故而可以将产品推广到多个领域,包括新型墙板、新型门、新型文化石、新型家具类产品,以及古建筑修复等,即产品的产业链可以延伸和扩大,增加了产品在市场上的应用范围和销售渠道,进而增加了竞争优势。

三、趋向于成品与半成品方向发展

装饰装修材料分成品材料和半成品材料两大类,成品材料又分为两种。一种是由生产制造商根据市场需求设计开发、生产制造的标准化产品,消费者可按需选择购买,产品进入现场后完全不需任何加工就能安装使用,如洁具龙头、厨卫电器等,如图 1.16 所示为成品卫浴产品。另一种也是由生产制造商根据市场需求设计开发、生产制造的标准化产品,但产品进入现场后还需进行加工或部分加工后才能安装使用,如墙地砖、扣板等,如图 1.17 所示为成品木地板。半成品材料是由生产加工商根据装饰施工的实际需求,按现场测量的尺寸加工制作,产品进入现场后不需加工或再加工后可安装使用,如门、成品门套、壁柜(隔断)移门等,如图 1.18 为半成品隔断。

图 1.16 成品卫浴产品

图 1.17 成品木地板

图 1.18 半成品隔断

装饰装修这一经济活动由来已久,但在装饰装修还没形成产业前,成品、半成品装饰材料种类极少。随着房地产业的兴起,装饰装修也形成产业并蓬勃发展,随之装饰建材业也得到了迅速发展,并受到市场各方的欢迎。目前在装饰装修实践过程中,成品、半成品装饰材料的使用率越来越高。

在科技不断发展的今天,半成品、成品装饰材料的发展是不可忽略的,但半成品、成品装饰材料在以后的发展中应逐步规范化、确定化,在以后的发展中也应减少不必要的损失,应更加合理地利用半成品和成品装饰材料,在不远的将来,科技与家装一定能联系在一起,使得家居生活更加方便。

四、材料智能化发展方向明显

将材料和产品的加工制造和以微电子技术为主体的高科技结合,从而实现对材料及产品的各种功能的控制与调节,正在成为装饰装修材料及产品的新的发展方向。"智能家居"从昨天的概念到今天的产品问世,科技的飞速进步让一切都变得可能。"智能家居"可以涉及照明控制系统、家居安防系统、电气控制系统、互联网远程监控系统、电话远程控制系统、网络视频监控系统、室内无线遥控系统等多个方面,有了这些技术的支持,人们可以轻松地实现全自动化家居生活,让人们更深入地体味生活的乐趣。如图1.19所示的智能家居,能够实现用手机控制灯光系统、空调调温、安防调节等。

例如,卫生间用品从个人卫生型发展到健身保健型。目前已生产出了多功能计算机座便器,垂直式或卧式蒸汽淋浴房及按摩浴缸等,如图1.20所示为智能马桶,可以实现自动感应、座圈加温、臀部清洗、暖风烘干等功能。另外,国家将重点扶持卫生间附件、专用防潮器、通风换气系统等项目,以装饰墙面漆为例,时下会"呼吸"的墙面漆正在走近生活,当房间空气湿度较大时,它会吸收一些水分,房间较干燥时又会释放水分。

这便是现代科技同家居生活的结合,这些产品使得生活更加的方便快捷,随着科学技术的发展,纳米技术在建材领域得到了广泛应用,新技术的应用不但提高了原有材料的性能,更赋予原有材料新的使用功能,即材料的高性能化和高功能化。新型高科技产品在家装中的运用使得室内更加科技化,不仅为生活带来了便捷还对个人的健康有利,因此,智能化装饰材料的发展也将稳定地持续下去。

图 1.19 智能家居

图 1.20 智能马桶

第二章

装饰工程施工规范

ZHUANGSHI GONGCHENG SHIGONG GUIFAN

装饰工程施工规范是在长期施工过程中,总结出的有利于工程质量,有利于施工人员的人身健康,有利于保护公共环境的施工要求。

第一节 施工工程基本要求

一、国家强制性条文

(1) 早期的建筑多使用预制混凝土空心楼板。这种楼板与现在的现浇混凝土楼板有很大的不同,施工中,严禁在预制混凝土空心楼板上打孔安装埋件,因为如果打到空心部位是起不到固定作用的,打到肋部,则可能对板内钢筋造成损伤,会破坏混凝土对钢筋的握裹,形成安全隐患,导致事故的发生。

(2) 现代建筑中,一般墙体内都铺设有隔热材料,对室内空间起到保温隔热作用,施工时严禁损坏建筑原有隔热设施。

(3) 受力钢筋是建筑结构的骨架,施工中严禁破坏受力钢筋(见图2.1),以免留下安全隐患。

(4) 装修施工现场,分量较重的装饰材料(见图2.2)如袋装水泥、黄沙、成箱的瓷砖等,严禁超荷载集中堆放、过高堆放,否则会使得建筑楼板局部荷载过大,留下安全隐患;应该分散堆放,减少单位面积的承载量。

图2.1 施工中严禁破坏受力钢筋　　　　　　图2.2 装饰材料

(5) 严禁使用国家明令禁止使用的淘汰材料,具体要求请参考国家建材网站上的相关文件。

二、施工注意事项

(1) 在施工前,应进行设计交底工作,使施工人员能更准确地领会设计师的设计意图,了解设计图纸在施工过程中的具体要求,达到预期的设计效果,如图2.3所示。

(2) 施工方应对施工现场进行核查,了解物业对装修管理的规定和相关具体要求,如图2.4所示。

(3) 施工中严禁擅自改动建筑主体,擅自改动燃气、暖气、通信等配套设计,如图2.5所示。

(4) 建筑管道设备的安装、调试应按设计要求进行,装饰装修中不得影响管道、设备的使用和维护。有关燃气管道的施工必须符合安全管理规定,不得擅自拆、改燃气管道,可委托燃气公司专业人员进行施工。燃气管道

图 2.3 设计交底

图 2.4 物业对装修管理的规定和相关具体要求

图 2.5 严禁擅自改动

如图 2.6 所示。

（5）不得在未做防水的地面蓄水，临时用水管不得有破损，暂停施工时应切断水源。

（6）施工人员应控制粉尘、污染物、噪声、震动对相邻居民、居民区和城市环境的污染和危害。

（7）施工堆料不得占用楼道内的公共空间，不得堵塞紧急出口。室外堆料应遵循小区的物业管理规定，避开公共通道、绿化地、化粪池、市政公用设施。

（8）工程垃圾应密封包装并放在垃圾指定堆放地（见图 2.7），不得堵塞、破坏上下水管道、垃圾道与公共设施，不得损坏楼道内的各种公共标识。

图 2.6 燃气管道

图 2.7 工程垃圾应密封包装并放在垃圾指定堆放地

（9）工程验收之前应将施工垃圾清理干净。

三、材料、设备基本要求

（1）装饰工程中所用材料的品种、规格、性能应符合设计的要求及国家相关标准的规定。

（2）装饰工程中的材料应按设计要求进行防火、防腐和防蛀处理。

(3) 装饰工程中的主要材料的品种、规格、性能应在严格的控制下选择。主要材料应具备产品合格证书，有特殊要求的应具备相应的性能检测报告和中文说明书。相关材料如图2.8所示。

图2.8　相关材料

(4) 现场配制的材料应按照设计要求或产品说明书制作。

(5) 施工现场应配备满足施工要求的配套机具设备及检测仪器，如图2.9所示。

图2.9　配套机具设备及检测仪器

(6) 住宅装饰工程应积极使用新材料、新技术、新工艺、新设备。

四、施工现场用电要求

(1) 施工现场用电应从户表后设立临时施工用电系统，如图2.10所示为专业人员对用电不规范系统进行检测。

(2) 安装、维修或拆除临时施工用电系统，应由专业电工完成，如图2.11所示。

(3) 临时施工供电开关箱中应装设漏电保护器，进入开关箱中的电源线不得用插销连接，如图2.12所示。

图2.10　对用电不规范系统进行检测　　图2.11　专业电工安装、维修用电系统　　图2.12　不得用插销连接

（4）临时用电线路应避开易燃易爆物品堆放地。

（5）暂停施工时应切断电源。

第二节 成品保护

施工过程中的材料运输应符合以下规定。

（1）材料运输过程中使用电梯时，应对电梯采取保护措施，如图2.13所示。

（2）材料搬运时应避免损坏楼道内顶、墙、扶手、楼道窗户及楼道门，如图2.14所示。

（3）各工种在施工过程中不得损坏、污染其他工种的半成品、成品，如图2.15所示。

（4）材料表面的保护膜应在工程竣工后及时拆除。

（5）对邮箱、消防、供电、电视、报纸、网络等公共设施应采取保护措施。

图2.13 对电梯采取保护措施

图2.14 材料搬运时对建筑物进行保护

图2.15 施工过程中对其他工种的半成品、成品进行保护

第三节 防火安全

火灾对人身健康和财产安全的破坏作用是非常大的。防火是施工中的首要问题。

一、一般规定

（1）装饰施工中必须严格遵守施工防火安全制度。

（2）施工现场动用电气焊与明火时，必须清除周围及焊渣滴落区的可燃物质，并随时监督，同时应配备消防器材，去除火灾隐患。防火设备如图2.16所示。

（3）严禁在施工现场吸烟，如图2.17所示。

图2.16　防火设备

图2.17　严禁在施工现场吸烟

（4）严禁在运行中的管道、装有易燃易爆物质的容器和受力构件上进行焊接与切割。

（5）装饰材料的燃烧性能等级要求应符合现行的国家标准，即《建筑内部装修设计防火规范》（GB 50222—1995）中的规定。

装饰材料的燃烧性能等级如表2.1所示。

表2.1　装饰材料的燃烧性能等级

等级	燃烧性能	装饰材料
A级材料	不燃性（遇火或高温下不起火、不燃烧）	花岗岩、大理石、防火阻燃板、玻璃、石膏板、钢、铝、铜、马赛克、瓷砖等
B1级材料	难燃性（在空气中受到高温或火烧难起火、难燃烧、难碳化）	防火装饰板、阻燃塑料地板、阻燃墙纸、水泥刨花板、纸面石膏板、矿棉吸音板、岩棉装饰板等
B2级材料	可燃性（在空气中受到火烧或高温作用下立即燃烧）	胶合板、木工板、墙布、地毯等
B3级材料	易燃性（在空气中受到火烧或高温作用下立即起火）	汽油、油漆、酒精、纤维织物等

二、材料的防火处理

装饰中大量使用的木质装饰材料和织物属于 B2 级装饰材料。这两种材料必须经过阻燃处理。

（1）织物类材料被大量运用于建筑室内装饰，如软包墙面等，对装饰织物进行阻燃处理时，应使其被阻燃剂浸透，且阻燃剂的含量应符合产品说明的要求。

（2）木质装饰材料在施工前需要进行防火涂料处理时，需涂刷木材阻燃剂，首先应对材料表面进行清洁，涂刷应分两次进行，第二次涂刷应在第一次涂刷的表面干透后进行，涂刷量应不少于 500 g/m^2，保证木材表面满刷阻燃剂，保证阻燃剂渗入木材内部无外漏。木质装饰材料处理如图 2.18 所示。

图 2.18　木质装饰材料处理

三、施工现场防火

（1）易燃物品应放置在相对集中、安全的区域，并应有明显标识，施工现场不得大量积存可燃材料。

（2）易燃易爆材料的施工，应避免敲打、碰撞、摩擦等可能出现火花的操作，配套使用的照明灯、电动机、电器开关应有安全防爆装置。

（3）使用油漆等挥发性材料时，应随时封闭容器，擦拭过这些材料的棉纱等物品应集中存放，且远离热源、火源。

（4）施工现场必须配备灭火器、沙箱或其他灭火工具，如图 2.19 所示。

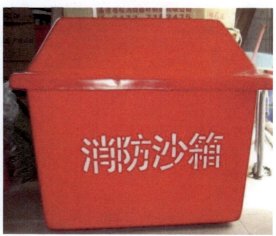

图 2.19　灭火工具

四、电气防火

（1）照明、电热器等设备的高温部位靠近非 A 级材料或导线穿越 B2 级以下装修材料时，应采用岩棉、瓷管或玻璃棉等 A 级材料进行隔热处理。

（2）当照明灯或镇流器镶入可燃装饰材料中时，应采取隔热措施于以分隔。

（3）配电箱的外壳和底板应采用 A 级材料制作，配电箱应安装在 B2 级以上的材料中，开关、插座应安装在

B1 级以上的材料上。

（4）明敷塑料导线应穿管或加线槽板保护，吊顶内的导线应穿金属管或 B1 级 PVC 管保护，导线不得裸露。

（5）卤钨灯灯管附近的导线应采用耐热绝缘材料制成的护套，不得直接使用具有延燃性的导线。

五、消防设施的保护

（1）施工时不得遮挡消防设施、疏散指示标识及安全出口，并且不妨碍消防设施（见图 2.20）和安全通道的正常使用，不得擅自改动防火门。

（2）消火栓门四周装饰材料的颜色应与消火栓门的颜色有明显区别。

（3）室内火灾报警器的穿线管、自动喷淋灭火器的水管线应用独立的吊杆架固定，不得借吊顶工程中的吊杆和放置在吊顶上固定。

（4）当设计中重新分隔了室内平面布局时，应根据有关设计规范对新的平面，重新调整火灾自动报警探测器（见图 2.21）与自动灭火喷头的布置。

图 2.20　消防设施

图 2.21　自动报警探测器

（5）喷淋管线、报警器线路、接线箱及相关器件宜暗装处理，如图 2.22 所示。

（6）更多要求请参考国家标准《建筑内部装修设计防火规范》（GB 50222—1995）。

图 2.22　相关器件宜暗装处理

第四节 室内环境污染控制

室内环境污染是指室内空气中混入有害人体健康的氡、甲醛、苯、氨等多种挥发性物质的现象。

(1) 氡：天然石材如大理石、花岗岩等释放的有害物质，被人体吸入后会长期滞留于呼吸系统中，可导致肺癌。

(2) 甲醛：存在于装饰材料中的木芯板、刨花板、胶合板、密度板等材料中，其刺激性强。

(3) 苯：来源于溶剂、油漆等，吸入后会导致头晕、气短，对人体有很大危害。

(4) 氨：来源于混凝土的防冻剂等，吸入后会使人咳嗽、胸闷，导致肺水肿等严重疾病的发生。

(5) TVOC：总挥发性有机物的英文缩写，来源于涂料以及人造材料中，会引起神经系统、消化系统紊乱，造成肝脏损伤等严重后果。

室内环境污染浓度限值如表 2.2 所示。

表 2.2 室内环境污染浓度限值

室内环境污染物	浓度限值
氡	小于等于 200 （Bq/m³）
甲醛	小于等于 0.08 （mg/m³）
苯	小于等于 0.09 （mg/m³）
氨	小于等于 0.20 （mg/m³）
TVOC	小于等于 0.50 （Bq/m³）

(6) 更多要求请参考《民用建筑工程室内环境污染控制规范》（GB 50325—2010）等现行国家标准的规定。

第三章

地面铺装工程

DIMIAN PUZHUANG GONGCHENG

第一节 概述

室内地面是人们进行日常生活和家具陈设的主要水平界面，具有承担各种荷载的必要作用。同时作为装饰面，地面需要具有防污、防撞、防水等功能，要求具有足够的强度、耐磨性、耐腐蚀性、耐擦洗性和防滑性。此外，根据各种不同功能的室内使用要求，地面还需要满足防静电、隔声、保温、吸音等特殊要求。

第二节 地面装饰材料

在进行地面铺装工程施工时，要根据不同的功能要求和不同的艺术效果，选择合适的装饰材料，地面铺装的主要材料有石材、陶瓷地砖、马赛克、木地板、地毯等。

一、陶瓷类装饰材料

陶瓷是指以黏土和天然矿物为原材料，经过粉碎混炼、拉坯成型、高温焙烧等工艺流程制得的各种制品。陶瓷强度高、耐火、耐酸碱腐蚀、耐水、耐磨、易于清洗，生产简单，用途广泛。在现代室内装饰中，陶瓷被广泛应用于建筑内部地面和墙面装饰工程上。

图 3.1　陶质制品

（一）陶瓷的分类

陶瓷制品分为三类：陶器、瓷器和炻器。

1. 陶器

它是以黏土为胎，经过手捏、轮制、模塑等方法加工成型后，在 800 ℃~1 000 ℃ 高温下焙烧而成的物品，其有较大的吸水率（大于 10%），断面粗糙无光，不透明，敲之声音粗哑，可施釉或不施釉，分为粗陶和精陶两种。粗陶由含杂质较多的砂黏土组成，建筑上常用的黏土砖、瓦及陶管等均属于粗陶。精陶指坯体呈白色或象牙色的多孔制品，多以塑性黏土、高岭土、长石和石英等为原料，精陶通常要经素烧和釉烧两次烧成，建筑上常用的釉面砖就属于精陶。陶质制品如图 3.1 所示。

2. 瓷器

瓷器脱胎于陶器。它的制造方法是中国古代汉族先民在烧制白陶器和印纹硬陶器的经验中逐步探索出来的。烧制瓷器必须同时具备三个条件：一是制瓷原料必须是富含石英和绢云母等矿物质的瓷石、瓷土或高岭土；二是烧成温度必须在1200℃以上；三是器表施有高温下烧成的釉面。瓷器坯体致密、基本不吸水、强度高、耐磨，分为粗瓷和细瓷两种，常见的瓷质制品有日用茶具、陈设瓷、美术用品等。瓷质制品如图3.2所示。

3. 炻器

炻器又称半瓷、石胎瓷，特性介于陶器和瓷器之间，分为粗炻器和细炻器两种，如外墙面砖、地面砖、工业用陶瓷等属于粗炻器；日用器皿如我国的宜兴紫砂陶即是细炻器。炻质制品如图3.3所示。

图 3.2　瓷质制品

图 3.3　炻质制品

瓷器与陶器的区别如表3.1所示。

表 3.1　瓷器与陶器的区别

项　目	种　类	
	陶　器	瓷　器
质料	普通黏土	高岭土
颜色	红色、褐色、黑色等	白色
温度	800℃～1000℃之间	1200℃以上
质地	较为疏松	烧结强度高，胎体坚硬致密
声音	敲击声音喑哑	敲击声音清脆
吸水率	吸水率高	吸水率低、几乎不吸水
胎体	不透明	半透明

（二）陶瓷的表面装饰

陶瓷坯体表面粗糙、易沾污、装饰效果差，除紫砂地砖等产品外，大多数陶瓷制品都要进行表面装饰加工。最常见的陶瓷表面装饰工艺是施釉、彩绘、饰金等。

1. 施釉

釉是附着于坯体表面的玻璃质薄层，有与玻璃相类似的某些物理与化学性质。釉面层是由高质量的石英、长石、高岭土等为主要原料制成浆体，涂于陶瓷坯体表面经两次烧结而成的连续玻璃质层。釉面层形成的肌理及色彩可增强制品的艺术效果，掩盖坯体的不良颜色和部分缺陷；同时釉面可以防止颜料中有毒物质的渗析，起到安全使用的保护作用，提高制品的物理性能和力学强度，施釉面层的陶瓷制品表面平滑、光亮、不吸湿、不透气，易于清洗。

2. 彩绘

在陶瓷制品表面用颜料绘制图案、花纹是陶瓷的传统装饰方法。彩绘有釉下彩绘和釉上彩绘之分。

（1）釉下彩绘

釉下彩绘（见图3.4）是瓷器釉彩装饰的一种，又称"窑彩"。釉下彩绘是陶瓷制品的一种主要装饰手段，是用颜料在已成型晾干的素坯（即半成品）上绘制各种纹饰，然后罩以白色透明釉或其他浅色面釉，入窑高温1200 ℃~1400 ℃一次烧成。烧成后的图案被一层透明的釉膜覆盖在下面，表面光亮柔和，平滑不凸出，显得晶莹透亮。它的特点是色彩经久不褪、保存完好、无铅无毒。釉下彩绘又分为青花、釉下三彩、釉下五彩、青花釉里红等。

青花是指白底青花瓷器（见图3.5），是以含氧化钴的钴土矿为原料，在瓷器胎体上描绘纹饰，罩以透明釉，经高温还原焰一次烧成，青花所用的钴料经高温烧成后呈蓝色，着色力强、颜色鲜艳、空气氧化影响小、烧成率高、呈色稳定。

图3.4　釉下彩　　　　　　　　　　图3.5　青花瓷

（2）釉上彩绘

釉上彩绘（见图3.6）即在烧成的瓷器釉面上用颜料绘制纹饰再经低温焙烧。釉上彩绘为二次烧成，烧成温度为700 ℃~900 ℃，釉上彩绘受釉的化学影响很小，故其色彩能牢固附着在釉上且不变色，其缺点是因彩绘于釉上，长时间的使用、摩擦会使色彩磨损甚至脱落。釉上彩绘的种类有五彩、粉彩、珐琅彩等。

图3.6　釉上彩绘

其他表面装饰有贵金属装饰、光泽彩饰、裂纹釉饰、无光釉饰、流动釉饰等工艺。

（三）常用的装饰陶瓷

瓷砖是常用于建筑物墙面、地面及卫生设备的陶瓷材料。瓷砖按照其制作工艺及特色可分为釉面砖、通体砖、抛光砖、玻化砖及马赛克等。

1. 釉面砖

釉面砖又称内墙面砖，砖表面烧有釉层，是用于内墙装饰的薄片精陶建筑制品。它不能用于室外，否则经日晒、雨淋、风吹、冰冻等，将导致其破裂损坏。釉面砖不仅品种多，而且有多种色彩，并可拼接成各种图案、字画，装饰性较强，是使用较多的墙、地面装饰材料。

釉面砖按釉料的材质分为陶土砖和瓷土砖两种，陶土烧制的釉面砖呈红色，瓷土烧制出来的釉面砖呈白色和灰色；按光泽不同，又分为亚光和亮光两种。釉面砖表面光滑，吸水率较高，色泽柔和典雅，防火、防潮、耐酸碱腐蚀、易于清洁，其缺点是耐磨程度不高。如图3.7所示为用釉面砖装饰内墙。

图 3.7 用釉面砖装饰内墙

2. 通体砖

通体砖（见图3.8）的表面不上釉，而且正面和反面的材质和色泽一致，因此得名。通体砖有很好的防滑性和耐磨性，但其花色比不上釉面砖，通体砖的纹理、效果单一，装饰效果较差，使用范围为厅堂、过道和室外走道等地面，一般较少使用于墙面。

3. 抛光砖

抛光砖（见图3.9）是通体砖经抛光后形成的。这种砖的硬度很高，非常耐磨，相对于通体砖的表面粗糙而言，抛光砖的表面非常光洁。在运用渗花技术的基础上，抛光砖可以做出各种仿石、仿木效果，抛光砖可分为渗花型抛光砖、微粉型抛光砖、多管布料抛光砖、微晶石等。抛光砖的缺点是不耐脏，表面经抛光后有毛细孔，易吸收污染物；不防滑，尤其是在地上有水的时候，设计时应注意进行防滑处理；吸水率高，污渍容易渗入。抛光砖的使用范围除卫生间、厨房外，多数室内空间都可使用。

图 3.8 通体砖　　　　　　　　　　图 3.9 抛光砖的使用

4. 玻化砖

玻化砖（见图3.10）就是全瓷砖，采用高温烧制而成，然后经打磨光亮，表面如玻璃镜面一样光滑透亮，是所有瓷砖中最硬的一种。玻化砖表面光亮，同时耐磨性强，在吸水率、边直度、弯曲强度、耐酸碱性等方面都优于普通釉面砖、抛光砖及一般的大理石。玻化砖的缺点是不耐污，经过打磨后，毛细孔暴露在外，灰尘、油污等容易渗入，另外，玻化砖色泽、纹理较单一，不够防滑，所以它广泛用于客厅、门庭等地方。

图3.10 玻化砖

5. 陶瓷锦砖

陶瓷锦砖（见图3.11）俗称马赛克，是以优质瓷土烧制成的小块瓷砖，规格多，薄而小，质地坚硬，耐酸、耐碱、耐磨、不渗水，抗压力强，不易破碎，彩色多样，可用于工业与民用建筑的清洁车间、门厅、走廊、卫生间、餐厅及居室的内墙和地面装修，并可用来装饰外墙面或横竖线条等处，施工时可用不同花纹和不同色彩拼成多种美丽的图案。

玻璃马赛克　　　　金属马赛克　　　　陶瓷马赛克

图3.11 陶瓷锦砖

6. 劈离砖

劈离砖（见图3.12）又称劈裂砖。它是一种多用于建筑内外墙或地面的装饰瓷砖，主要以软质黏土、页岩、耐火土和熟料为主要原料再加入色料等，经配料、混合细碎、脱水、练泥、真空挤压成型、干燥、高温焙烧而成。由于其成型时为双砖背联坯体，烧成后劈离成两块砖，故称劈离砖。劈离砖按其表面的粗糙程度可分为光面砖和毛面砖两种，前者坯料中颗粒较细，使得制品表面较光滑细腻，后者坯料中颗粒较大，因此成品表面有较凸出的颗粒和凹坑。

图 3.12　劈离砖

劈离砖具有质地密实、抗压强度高、吸水率小、耐酸碱、耐磨耐压、防滑防腐、表面硬度大、性能稳定、抗冻性高的特点。这类砖多用于建筑室内外的墙面装饰中，也可用于室内地面铺装，其中厚砖型也用于室外景观如甬道、花园、广场等露天场所的地面铺装工程。

二、石材类装饰材料

建筑装饰石材主要是指在建筑室内外作为饰面材料的石材，有天然石材和人工石材两大类。天然石材是在天然岩石中开采得来。它具有较高的强度，较好的耐磨性、耐久性、抗冻性，天然石材花色固定，造价昂贵。人造石材的花纹图案可以人为控制，具有质量较轻、耐腐蚀、耐污染、施工方便、品种多样、造价低廉等许多优点，是一种良好的装饰饰面材料。

（一）天然石材

天然石材是未经打磨和加工处理过的纯朴粗犷的原石材。天然石材从天然岩体中开采出来，岩石由造岩矿物组成，造岩矿物主要有石英、长石、云母、深色矿物、高岭土、碳酸盐、方解石或白云石等。天然石材主要分为岩浆岩（如花岗岩）、沉积岩（如石灰岩）、变质岩（如大理石）三大类。天然石材表面有较好的装饰纹理，在建筑室内装饰中应用广泛，天然石材中常用的主要品种有天然大理石、天然花岗岩、天然石灰石等。

1. 天然大理石

天然大理石是石灰石或白云岩在高温、高压的作用下重新结晶变质而成的一种呈层状结构的变质岩，属于中硬石材，其色泽鲜明、花纹美丽、颜色多样，有较好的物理化学性能，资源分布较广，便于加工。

天然大理石一般都含有杂质，其中的碳酸钙受到大气中的碳化物和水汽的影响，容易风化和溶蚀，因此其光泽度差异也很大。质地较纯正的大理石呈白色，俗称汉白玉，是大理石中的精品，如果变质的程度较严重，就会影响大理石的质地，常用的大理石种类有艾叶青、雪花、彩云、墨玉、雪浪等。

大理石的表观密度为 2600~2700 kg/m³，抗压强度为 70~300 MPa，吸水率较小，具有易于加工、耐磨性、耐腐蚀性、耐久性好，不易变形，方便清洁等特性，且其纹理丰富、色彩多样，因此在建筑装饰工程中具有较好的装饰效果。大理石多用于建筑物的墙面、地面、柱面、服务前台、窗台、踢脚线以及洁具卫浴等处。

大理石家具如图 3.13 所示。

图 3.13　大理石家具

2. 天然花岗岩

天然花岗岩是典型的深成岩，主要成分是石英、长石及少量云母和暗色矿物，常能形成发育良好、肉眼可辨的矿物颗粒。"花"是指这种岩石有美丽的花纹，"岗"是指这种岩石很坚硬，其名有着花斑纹的刚硬岩石的意思。花岗岩硬度较高，仅次于钻石，不易风化，构造密实，抗压强度高，耐磨损，耐腐蚀性、抗冻性好，颜色美观，色泽持久。花岗岩装饰板材是由矿山上开采下来的花岗岩荒料经过锯切、研磨、抛光后形成一定规格的装饰板材。我国的花岗岩资源丰富，种类繁多，目前我国的花岗岩产地主要集中在北京、山东、山西、安徽、陕西、四川、河南、广东、广西等地，较著名的品种有济南青、泉州黑、将军红、白虎涧、莱州白、岑溪红等。

花岗岩（见图 3.14）主要用于建筑室内外装饰，如室内地面、室外墙面、柱面，墙裙、楼梯等，也可用于吧台、墙体、踏步、台阶以及桥梁、堤坝、路面、城市雕塑等。

图 3.14　花岗岩

3. 天然石灰石

石灰石又俗称"砂石板"，属于沉积岩。石灰石装饰材料在建筑装饰工程中使用较多。

根据表面加工处理的形式不同，石灰石分为毛面板和光面板两大类。所谓毛面板是指由人工用工具将石灰石按自然纹理劈开，表面不经修磨，利用石灰石本来的颜色进行搭配使用，形成粗犷的质感和丰富的色彩，主要用于地面及室内墙面的装饰。而光面板是一种珍贵的饰面材料，主要应用在公共建筑的墙面、柱面等部位。石灰石文化墙如图 3.15 所示。

图 3.15　石灰石文化墙

（二）人造石材

人造石材是以水泥混凝土或不饱和聚酯树脂为胶黏剂，以天然大理石、花岗岩为基料，以方解石、白云石、石英砂、玻璃粉等无机矿物粉为骨料，加入适量的阻燃剂、稳定剂、颜料等，经过拌和、浇筑、加压成型以及切割打磨等工序制成的板材。与天然石材相比较，人造石材具有光洁度高、色彩艳丽、颜色均匀一致、抗压耐磨、韧性好、结构致密、坚固耐用、比重轻、不吸水、色差小、不褪色、耐腐蚀风化、放射性低等优点，是一种可综合利用的优质资源，尤其在节能环保方面具有不可低估的作用，是名副其实的绿色环保建材产品。

人造石材的种类繁多，根据原料分类可分为以下几类，如表 3.2 所示。

表 3.2　人造石材的分类

名　　称	特　　点
树脂型人造石材	光泽好、颜色丰富、装饰性好、黏度低、易于成型
复合型人造石材	造价较低，但受温差影响易开裂或剥落
水泥型人造石材	取材方便、价格低廉，但装饰性差
烧结型人造石材	性能稳定、适用范围广、光泽度好，但造价高

1. 人造大理石

人造大理石（见图 3.16）通常是由天然大理石或花岗岩的碎石为填充料，用水泥、石膏和不饱和聚酯树脂等为胶黏剂，经搅拌成型、研磨和抛光后制成，所以人造大理石有许多天然大理石的特性，另外，人造大理石由于可人工调节，所以花色繁多、柔韧度较好、衔接处理不明显、整体感非常强，而且外表硬度高、不易损伤、耐腐蚀、耐高温，非常容易清洁。

图 3.16　人造大理石

图 3.17 人造花岗石

2. 人造花岗石

人造花岗石（见图 3.17）不含铀、钍等放射性元素，具有造型美观，色彩图案自然均匀，结构致密，耐磨性强，抗压、抗折强度高，吸水率低等特点，弥补了天然石材色差、孔洞、裂隙、裂纹、吸水率高等缺陷。为了便于使用，可把人造花岗石石板的表面制作得致密而光滑，其背面则疏松而粗糙。这样的石板可借助水泥砂浆更牢固地黏合在混凝土建筑物表面。此外，由于这种人造花岗石的温度膨胀系数与混凝土基本相同，因此，它比天然花岗石更不容易开裂和剥落。

3. 人造石英石

人造石英石（见图 3.18）是由 80% 以上的天然石英和 10% 左右的色料、树脂和其他调节黏结、固化等性能的添加剂组成。其质地坚硬、结构致密，具有其他装饰材料无法比拟的耐磨、耐压、耐高温、抗腐蚀、防渗透等特性，且表面无微孔、不吸水、抗污性极强，经过精密的抛光处理，产品表面极易清洁打理，可保持持久光泽，亮丽如新，多适用于厨房、卫生间、酒店等场所的台面设计中。

图 3.18 人造石英石

三、木质地板类装饰材料

地板的种类有很多。按结构分类有实木地板、强化复合地板、竹木复合地板、软木地板以及目前比较流行的多层实木复合地板等。按用途分类有家用、商业用、防静电地板、户外地板、舞台专用地板、运动场馆内专用地板等。按环保等级分类有 E0 级地板、JAS 星级标准的 F4 星地板等。

（一）实木地板

实木地板（见图 3.19）是木材经烘干、加工后形成的地面装饰材料。它具有花纹自然、脚感舒适、使用安全的特点，是卧室、客厅、书房等场所的地面装修的理想材料。实木的装饰风格返璞

图 3.19 实木地板

归真、质感自然，在森林覆盖率下降、大力提倡环保的今天，实木地板则更显珍贵。实木地板的弱点在于对潮湿环境及阳光的耐久性差，潮湿环境令天然木材膨胀，而干燥后又令木材收缩，因而易导致地板出现隙缝甚至是屈曲翘起。

（二）强化复合地板

强化复合地板（见图3.20至图3.22）由耐磨层、装饰层、基层、平衡层组成。耐磨层主要由三氧化二铝组成，有很强的耐磨性和硬度；装饰层是一层经密胺树脂浸渍的纸张，纸上印刷有珍贵树种的木纹或其他图案；基层是中密度或高密度的层压板，经高温、高压处理，有一定的防潮、阻燃性能，基本材料是木质纤维；平衡层是一层牛皮纸，有一定的强度和厚度，并浸以树脂，起到防潮、防地板变形的作用。

图3.20 强化复合地板（一）

图3.21 强化复合地板（二）

图3.22 强化复合地板（三）

强化复合地板耐磨性好，其耐磨性能为普通漆饰地板的10~30倍，效果美观，可用计算机仿真出各种木纹和图案，结构稳定，彻底打散了原来木材的组织，破坏了原木材各向异性及湿胀干缩的特性，尺寸极稳定，尤其适用于有地暖系统的房间。

（三）竹木复合地板

竹木复合地板（见图3.23）是竹材与木材复合再生的产物。它的面板和底板，采用的都是上好的竹材，而其芯层则多为杉木、樟木等木材。竹木复合地板的优点是外观自然清新，纹理细腻流畅，防潮、防湿、防蚀性以及韧性强，有弹性等。同时，其表面坚硬程度可以与实木地板中的常见材种如樱桃木、榉木等媲美。另一方面，由于该地板芯材采用了木材做原料，故其稳定性极佳、结实耐用、脚感好、格调协调、隔音性能好，而且冬暖夏凉，

图3.23 竹木复合地板

尤其适用于居家环境以及体育娱乐等场所的室内装修。从健康角度来看，竹木复合地板尤其适合城市中的老龄化人群以及婴幼儿，而且对喜好运动的人群也有保护缓冲的作用。但是竹木复合地板也同样有它的弱点，即受日晒和湿度的影响会出现分层现象。

(四) 软木地板

软木地板（见图3.24）被称为"地板的金字塔尖上的消费"。它与实木地板相比，更具环保性、隔音性，防潮效果也会更优秀，带给人极佳的脚感。软木地板可分为粘贴式软木地板和锁扣式软木地板。软木地板可以由不同树种的不同颜色，做成不同的图案，因此在国内拥有广泛的市场。其柔软、安静、舒适、耐磨的优点，对意外摔倒的老人和小孩，可提供极大的缓冲作用；其独有的隔音效果和保温性能也非常适合应用于卧室、会议室、图书馆、录音棚等场所。

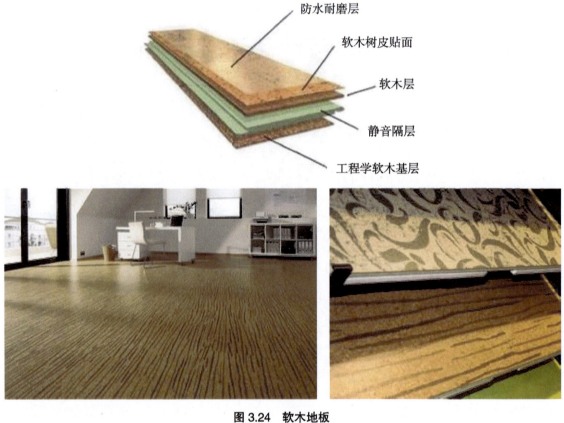

图3.24 软木地板

(五) 多层实木复合地板

多层实木复合地板（见图3.25），与强化复合地板的区别就在于，它以纵横交错排列的多层板为基材，选择优质珍贵木材为面板，经涂树脂胶后在热压机中通过高温高压制作而成。多层实木复合地板不易变形开裂，干缩膨胀度极小，具有较好的调节室内温度和湿度的能力，面层能显示出木材天然木纹，铺装简捷，使用范围较广，价格高于强化复合地板，低于实木地板，适合地热供暖房安装。

四、地毯

地毯是以棉、麻、毛、丝、草等天然纤维或化学合成纤维类原料，经过选料、洗料、梳理、染色、织毯、剪片、水洗等工序，再经手工或机械工艺进行编结、裁绒或纺织而成的地面敷设物，主要覆盖于住宅、宾馆、体育

图 3.25　多层实木复合地板

馆、展览厅、车辆、船舶、飞机等场所和空间的地面，有减少噪声、隔热的作用，并具有图案典雅的装饰效果。

（一）地毯的功能

1. 保暖、调湿功能

地毯多由保温性能良好的各种纤维织成，大面积使用地毯可减少通过地面散失的热量，阻断地面寒气的侵袭，使人感到温暖、舒适。测试表明，在装有暖气的房内铺以地毯，保暖值将比不铺地毯时高 12% 左右。地毯纤维之间的空隙还具有良好的调湿功能，当室内湿度较高时，它能吸收水分；室内干燥时，水分又被释放出来，使室内湿度得到一定程度的调节，令人舒爽怡然。

2. 吸音功能

地毯的丰厚质地与毛绒表面具备良好的吸音效果，并能适当降低噪声影响。由于地毯吸收声波后，减少了声音的多次反射，从而改善了声音的清晰度，使室内的收音机等音响设备的音乐效果更为纯净悦耳。此外，在室内走动时的脚步声也会消失，减少了周围杂乱的声音干扰，有利于形成宁静的居室环境。

3. 舒适功能

人们在硬质地面上行走时，脚掌受力于地面产生的反作用力，使人感觉不舒适并容易疲劳。铺垫地毯后，由于地毯为富有弹性纤维的织物，有丰满、厚实、松软的质地，所以在上面行走时会产生较好的回弹力，令人步履轻快，感觉舒适柔软，有利于消除疲劳和紧张。大面积铺装地毯也可大大改善触觉柔软感与视觉的舒适度。

4. 装饰功能

地毯质地丰满，外观华美，铺设后地面显得端庄富丽，具有极好的装饰效果。生硬呆板的地面一经铺就地毯

图 3.26 人民大会堂的地毯

便会满堂生辉，令人精神愉悦，给人堂皇雅致的感受。

（二）地毯的分类

按使用情况，地毯分为商用地毯和艺术地毯两大类。商用地毯是工业化生产的地毯，一般采用机织或枪刺生产；艺术地毯是以欣赏和装饰为目的的地毯，一般为手工制作。优秀的艺术地毯一般经过艺术工作者的精心设计和制作者的精心编织，拥有普通商用地毯所没有的艺术欣赏性和思想内涵，具有较高的艺术价值和收藏价值。如图 3.26 所示为人民大会堂的地毯。

按材质，地毯分为纯毛地毯、化纤地毯、混纺地毯、塑料地毯、橡胶地毯、植物地毯等。

按编织结构，地毯分为手工打结地毯、栽绒地毯、簇绒地毯、无纺地毯等。

按规格用途，地毯分为标准机织地毯、单块工艺毯、走廊专用毯、方块拼接地毯等。

（三）常见地毯

1. 纯毛地毯

纯毛地毯用粗羊毛织成，光泽好、弹性足，不易变形、磨损、燃烧、污染，隔热性能好；但易霉变、虫蛀，不耐腐蚀，需良好的保养，属地毯中的华贵品种。纯毛地毯如图 3.27 所示。

2. 化纤地毯

化纤地毯不霉、不蛀、耐蚀、不吸湿、易清洗，装饰效果也越发接近纯毛地毯；但易变形，易产生吸附性或黏附性污染，遇火易产生局部熔化。

3. 混纺地毯

混纺地毯是将纯毛和化纤混纺后织造的地毯，兼有两者的性能特点。例如，羊毛与 20% 尼龙混纺不仅可使地毯的耐磨性提高 5 倍，成本降低，而且装饰效果上也丝毫不逊于纯毛地毯。

4. 橡胶与塑料地毯

此类地毯由天然橡胶、PVC 塑料模制而成，通常做成方形，其主要特点是防潮、防滑、绝缘、耐冲刷，常用于门厅、浴室地面。如图 3.28 所示为橡胶与塑料地毯。

图 3.27 纯毛地毯

图 3.28 橡胶与塑料地毯

5. 剑麻地毯

剑麻（又称菠萝麻，其纤维极为强韧）地毯为植物地毯的代表，是剑麻经提纤、纺纱、编织、涂胶等工序制成，有素色和染色两类产品，可按需要任意裁切，耐磨、耐蚀、尺寸稳定、无静电，但弹性较其他类型的地毯差。如图 3.29 所示为剑麻地毯。

6. 手工打结地毯

手工打结地毯（见图 3.30）又称手编地毯，是我国传统的民间工艺地毯，其做工精细、图案复杂、色彩丰富，材料多用纯毛，常见于艺术地毯的制作。

图 3.29　剑麻地毯　　　　　　　　　　图 3.30　手工打结波斯地毯

7. 栽绒地毯

栽绒地毯是将纤维用针刺入底衬，并在底衬背面施胶固定，其特点是弹性较好，脚感比较舒适，但是每平方米的纤维用量较大，因而价格较高。

8. 簇绒地毯

簇绒地毯（见图 3.31）是用带有往复式针的簇绒机织造的地毯，毯面有圈绒和平绒两种形式，其中平绒地毯是目前生产量最大的地毯，特点是毯面厚（绒毛长度达 7～15 mm）而密实、弹性好、脚感舒适，视感也非常好，价格适中。

9. 无纺地毯

无纺地毯（见图 3.32）先以织造的方式将各种短纤维制成纤维网，再以针扎、缝编、黏合等方式将纤维网与底衬复合而成，属短毛地毯，虽弹性、耐久性、装饰性相对其他地毯差一些，但生产效率高，因而价格便宜。

图 3.31　簇绒地毯　　　　　　　　　　图 3.32　无纺地毯

图 3.33 方块拼接地毯

10. 方块拼接地毯

方块拼接地毯单位面积重量大，边设燕尾榫，铺装时块与块之间榫卯拼接，即连成无隙整体，无须固定。其背面有橡胶或泡沫塑料衬垫，故弹性好，脚感舒适，属中高档产品。方块拼接地毯如图3.33所示。

五、其他地面装饰材料

除了以上应用较多的地面装饰材料外，还有一些在不同空间场所运用到的材料，比如在室内体育馆、舞蹈室等运动场地运用的PVC塑胶地板，是当今世界上非常流行的一种新型轻体地面装饰材料。它主要是采用聚氯乙烯材料进行生产。

除此之外，还有水磨石、地板漆或地板蜡和合成材料地板砖，包括石塑地板、橡胶地板、地板革等。

第三节　地面铺装工程施工

一、施工基本要求

（一）一般规定

（1）地面铺装工程一般在地面隐蔽工程、吊顶工程、墙面抹灰工程完成并验收后进行。
（2）地面面层应有足够的强度，其表面质量应符合国家现行标准、规范的有关规定。
（3）地面铺装图案及固定方法等应符合设计要求。
（4）天然石材在铺装前应采取防护措施，防止出现污损、泛碱等现象。
（5）湿作业施工现场的环境温度宜在5℃以上。

（二）主要材料质量要求

（1）地面铺装材料的品种、规格、颜色等均应符合设计要求并应有产品合格证书。
（2）地面铺装时所用的龙骨、垫木、毛地板等木料的含水率，以及防腐、防蛀、防火处理等均应符合国家现行标准、规范的有关规定。

二、地面砖铺贴施工

（一）铺贴施工程序

基层处理→放线定位→选配、试铺并编号→铺结合层砂浆→铺贴地砖→压实→嵌缝→清理表面→养护。

(二) 重点工艺流程

1. 基层处理

混凝土地面应将基层凿毛,凿毛深度为 5~10 mm,凿毛痕的间距为 30 mm 左右。之后,清除浮灰、砂浆、油渍,并洒水润湿地面。基层处理如图 3.34 所示。

图 3.34　基层处理

2. 放线定位

铺贴地砖前应弹好线,在地面弹出与门道口成直角的基准线,弹线应从门口开始,以保证进口处为整砖,非整砖置于阴角或家具下面。弹线应弹出纵横定位控制线,根据设计要求确定结合层砂浆厚度,拉十字线控制砂浆厚度和石材、地面砖表面平整度。

3. 选配、试铺并编号

铺贴地砖前,应先将石材、地面砖浸泡、阴干。天然石材铺贴前应进行对色、拼花并试拼、编号。地砖预铺如图 3.35 所示。

图 3.35　铺砖

4. 铺结合层砂浆

结合层砂浆(见图 3.36)宜采用体积比为 1∶3 的干硬性水泥砂浆,厚度宜高出实铺厚度 2~3 mm。

5. 铺贴地砖

铺贴地砖时,宜采用水灰比为 1∶2 的水泥砂浆,将水泥砂浆饱满地抹在地砖背面,铺贴后用橡皮锤敲实,同时,用水平尺检查校正,擦净溢出表面的水泥砂浆。铺贴石材时,应在水泥砂浆上刷一道水灰比为 1∶2 的素水泥浆或干铺水泥 1~2 mm 后洒水。铺贴地砖如图 3.37 所示。

图 3.36　结合层砂浆　　　　　　　　　　　　　　图 3.37　铺贴地砖

6. 压实

石材、地砖铺贴时应保持水平，用橡皮锤轻击使其与砂浆黏结紧密，同时调整其表面平整度及缝宽，铺贴后及时清理表面。压实方法如图 3.38 所示。

7. 嵌缝

地砖铺贴完 2～3 h 后，选择与地面颜色一致的颜料与专用填缝剂拌和均匀后嵌缝，缝应填充密实、平整光滑，再用棉丝将地砖表面擦净。嵌缝如图 3.39 所示。

图 3.38　压实

图 3.39　嵌缝

8. 养护

地砖铺贴完成后，应进行润湿养护，养护时间应不少于 5 天，期间不得在其上行走或堆放重物。

三、实木地板铺装施工

铺实木地板（见图 3.40）要先安装木龙骨，然后再进行实木地板的铺装。所有木地板运到施工安装现场后，应拆包在室内存放一个星期以上，待木地板适应居室内温度、湿度后开始施工。

图 3.40　铺实木地板

(一)铺装施工程序

基层处理→放线定位→安装预埋件→安装木龙骨→做防潮层→安装木地板→安装踢脚板。

(二)重点工艺流程

1. 清理基层

清理基层时应使基层平整度误差小于 5 mm。

2. 放线定位

放线定位方法同地面砖铺贴施工,如图 3.41 所示。

3. 安装预埋件

木龙骨安装前应先在地面做预埋件,以固定木龙骨,预埋件

图 3.41 放线定位

为螺栓及铅丝,间距不大于 400 mm,以保障龙骨的牢固度,安装预埋件如图 3.42 所示。

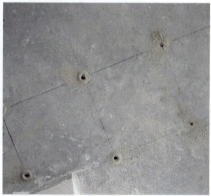

图 3.42 安装预埋件

4. 安装木龙骨

龙骨一般采用落叶松作材料,龙骨高度不宜小于 28 mm,宽度不宜小于 40 mm,龙骨固定点间距不得大于 600 mm。龙骨上下两面应刨平,底面刨平可以使龙骨完整地坐落于混凝土基层上,顶面刨平可以使地板与龙骨更大程度地平整接触,最终能保证地板的牢固安装并能消除发生声响的隐患。龙骨与墙面之间宜留 10~20 mm 的伸缩缝。最后用靠尺和楔形塞尺检查龙骨的平整度。安装木龙骨如图 3.43 所示。

图 3.43 安装木龙骨

5. 做防潮层

铺装木地板前应对基层进行防潮处理，防潮层宜涂刷防水涂料或铺设塑料薄膜。

6. 安装木地板

铺装地板前应对地板进行选配，宜将纹理、颜色接近的地板集中使用于一个房间或部位。在木龙骨上直接铺装地板时，主次龙骨的间距应根据地板的长宽模数计算确定，地板接缝应在龙骨的中线上。地板钉长度宜为板厚的 2.5 倍，钉帽应砸扁，固定时将钉从凹榫边以 30° 角倾斜钉入。硬木地板应先钻孔，孔径应略小于地板钉直径。地板与墙之间应留有 8～10 mm 的缝隙。安装木地板如图 3.44 所示。

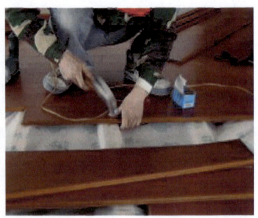

图 3.44　安装木地板

7. 安装踢脚板

踢脚板的安装应平整垂直。

（三）双层面层空铺法工艺流程

双层面层空铺法（见图 3.45）是在龙骨上先铺钉一层底板（毛地板），上层再铺实木地板。毛地板的单板尺寸规格为长 4 m、宽 100 mm、厚 20 mm，材质一般为松木。毛地板应与龙骨成 30° 或 45° 铺钉，板缝应为 2～3 mm，相邻板的接缝应错开。

（四）单层直铺法工艺流程

单层直铺法（见图 3.46）适用于 350 mm 长的地板，基层必须平整、无油污。铺贴前应在基层刷一层薄而均匀的底胶以提高黏结力。铺贴时基层和地板背面均应刷胶，待胶不粘手后再进行铺贴。拼板时应用榔头垫木块将地板敲打紧密，板缝不得大于 0.3 mm，溢出的胶液应及时清理干净。

图 3.45　双层面层空铺法　　　　图 3.46　单层直铺法

四、强化复合地板铺装施工

(一) 铺装施工程序

基层处理→放置防潮层→安装地板→收口→安装踢脚板→清理。

(二) 重点工艺流程

1. 基层处理

铺装地板前,需要对地面进行彻底清洁,待地面无灰尘、杂物即可铺装,如果是在水泥地面或者铲除地砖的地面铺装地板,需要将泥子铲平,并对地面彻底清洁。基层处理如图3.47所示。

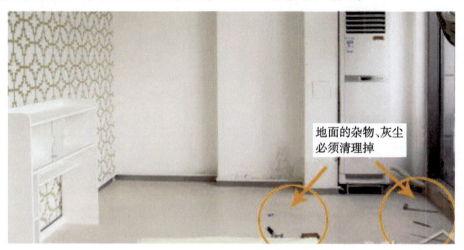

图 3.47 基层处理

2. 放置防潮层

铺设防潮薄膜和地垫,地垫厚度不低于2 mm,以3 mm为佳(见图3.48)。安装时,防潮垫层应满铺平整,接缝处不得叠压,接口处用60 mm的宽胶带密封、压实,地垫需铺设平直,墙边上引30~50 mm(见图3.49),但低于踢脚线高度。

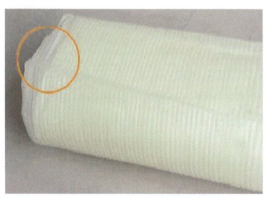

图 3.48 3 mm 厚普通防潮地垫

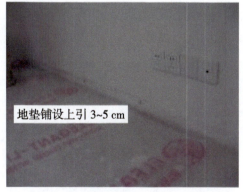

图 3.49 地垫铺设墙边上引 30~50 mm

3. 安装地板

安装第一排地板时应使地板凹槽面靠墙,地板与墙之间应留有8~10 mm的缝隙。房间长度或宽度超过8 m

时，应在适当位置设置伸缩缝。相邻条板端头的错缝距离应大于 300 mm。地板安装如图 3.50 所示。

4. 收口

在各房间之间的衔接处，留足伸缩缝，用收口条、五金过桥衔接。

5. 安装踢脚板

踢脚板（见图 3.51）的厚度应大于 1.2 cm，踢脚板安装时要盖住伸缩缝，要求表面光滑、接缝严密、高度一致。

图 3.50　地板安装

图 3.51　踢脚板

五、地毯铺装

地毯有块毯和卷材地毯两种，需分别采用不同的铺设方式和铺设位置，常用的铺设方式有活动式、固定式两种。活动式铺设指将地毯明摆浮搁在基层上，不需将地毯与基层固定，铺设方法简单，容易更换。固定式铺设有两种固定方法，一种是卡条式固定，使用倒刺板拉住地毯；一种是黏结法固定，使用胶黏剂把地毯粘贴在地板上。为了防止走动后地毯变形、卷曲，影响使用和观赏，铺设地毯时多采用固定式。

（一）卡条式固定方式施工程序

基层处理→裁剪地毯→安装倒刺板→黏结地毯→铺设地毯→整平地毯→清理地毯。

（二）重点工艺流程

在铺装地毯前必须进行实量，测量墙角是否方正，准确记录各角角度。根据计算的下料尺寸在地毯背面弹线、裁剪。

1. 基层处理

基层表面应平整、清洁、干燥，含水率不大于 9%。

图 3.52　裁剪地毯

2. 裁剪地毯

准确测量房间尺寸，按房间的长度加 2 cm 下料。裁好的地毯应立即编号，与铺设位置对应。裁剪楼梯地毯时，长度应留有一定余量，以便在使用中可挪动常磨损的位置。如图 3.52 所示为裁剪地毯。

3. 安装倒刺板

沿房间四周将倒刺板与基层固定牢固，倒刺板距踢脚板 8 mm。沿地面周边和柱脚的四周镶钉，板上小钉倾角向墙面并留适当的空隙，便于地毯掩边，在混凝土、水泥地面上固定倒刺板时采用钢钉，钉距为 300 mm 左右。如果地毯面积较大，宜采用双道倒刺板，便于地毯张紧和固定。如图 3.53 所示为安装倒刺板。

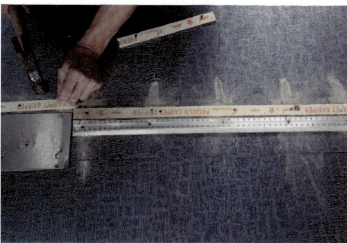

图 3.53　安装倒刺板

4. 铺设地毯

地毯裁边、黏结拼缝成整片，地毯对花拼接应使毯面绒毛和织纹走向按同一方向拼接。地毯铺装方向应是毯面绒毛走向的背光方向。当使用张紧器伸展地毯时，用力方向应呈 V 字形，应由地毯中心向四周展开。如图 3.54 所示为铺设地毯。

5. 整平地毯

满铺地毯，并用扁铲将毯边塞入卡条和墙壁间的间隙中或塞入踢脚下面。整平地毯如图 3.55 所示。

6. 清理地毯

地毯铺设完成，固定收口条后，应用吸尘器清扫，将毯面上脱落的绒毛等彻底清理干净。如图 3.56 所示为清理地毯。

图 3.54　铺设地毯

图 3.55　整平地毯

图 3.56　清理地毯

第四章

墙面装饰工程

QIANGMIAN ZHUANGSHI GONGCHENG

第一节 概述

墙面装饰对空间环境的效果影响很大，不同的墙面装饰材料应根据其使用要求和部位，选择相应的材料、构造方法及施工技术。

一、墙体饰面的构造层次及作用

1. 抹灰底层

抹灰底层又称基层，是墙体抹灰的基本层次，主要起黏结和初步找平的作用，应视不同的墙体材料选用不同的构造做法。

2. 中间层

中间层位于底层和面层之间，主要起进一步找平和黏结的作用，还能弥补底层砂浆的干缩裂缝，用料一般同底层。但根据位置及功能的要求，还可增加防潮、防腐、保温隔热等中间层。

3. 面层

面层位于最外侧，满足使用和装饰功能，其材料可以是各类抹灰、块材、卷材、板材等。

二、墙体饰面的功能

1. 保护墙体

墙体饰面能使墙体免受机械碰撞，避免墙体遭受风吹、日晒、雨淋以及腐蚀性气体和微生物作用的侵蚀，从而提高其耐久性。

2. 改善墙体的物理性能

在墙体内结合饰面做保温隔热处理，可提高墙体的保温隔热性能，也可通过选用白色或浅色的饰面材料反射太阳光，减少热辐射，从而节约能源，调节室内温度；内墙饰面若采用吸声材料，可有效控制房间的混响时间，改善音质；增大饰面材料的面密度或添加吸声材料，可不同程度地提高墙体的隔声性能。

3. 装饰功能

（1）外墙饰面。

不同的墙体饰面材料和不同的构造方式，可使外墙饰面表现出不同的质感、色彩、线形效果，从而丰富建筑的立面造型。

（2）内墙饰面。

内墙饰面属近距离观赏范畴，甚至和人体直接接触，因此应选用质感、触感较好的装饰材料，特别是墙裙、窗帘盒、门窗套、暖气罩等特殊部位，均应采用特殊的构造措施，使之与室内整体环境协调一致。

三、墙体饰面的分类

根据墙体饰面常用的装饰材料、构造方式和装饰效果，墙体饰面可分为以下几种。

1. 抹灰类墙体饰面

抹灰类墙体饰面包括一般抹灰和装饰抹灰，主要材料有水泥砂浆、石灰砂浆、混合砂浆、水泥、砂、石灰等。

2. 贴面类墙体饰面

贴面类墙体饰面包括陶瓷制品、天然石材和预制板材等饰面装饰，主要材料有釉面砖、墙地砖、马赛克、玻化砖、花岗岩、大理石等。

3. 涂刷类墙体饰面

涂刷类墙体饰面包括涂料和刷浆等饰面装饰，主要材料有内墙涂料、木材面油漆、防火涂料、防水涂料等。

4. 裱糊类墙体饰面

裱糊类墙体饰面包括壁纸和墙布等饰面装饰。

5. 罩面板类墙体饰面

罩面板类墙体饰面包括木质、金属、玻璃及其他板材饰面装饰，主要材料有胶合板、细木工板、密度板等。

第二节 墙面装饰材料

一、涂料类

涂料（见图4.1），也称为油漆，可用不同的施工工艺涂覆在物体表面并形成牢固的连续固态薄膜，这种薄膜通常称涂膜，又称为漆膜或涂层。

图 4.1 涂料

装饰涂料对墙面有保护作用，经过刷涂、滚涂或喷涂等施工方法，涂敷在建筑物上，形成连续的薄膜，厚度适中，有一定的硬度和韧性，并具有耐磨、耐化学侵蚀以及抗污染等功能，可以延长建筑物的使用寿命。

装饰涂料所形成的涂层能装饰美化建筑物。若在涂料中掺加粗、细骨料，再采用喷涂、滚花等方法，可以获得各种纹理、图案及质感的涂层，使建筑物产生不同凡响的艺术效果，以达到美化环境，装饰建筑物的目的。

装饰涂料能提高室内的亮度，起到吸声和隔热的作用，一些特殊的涂料还能使建筑物墙面具有防火、防水、防霉、防静电等功能。

（一）涂料的基本组成

1. 主要成膜物质

（1）油料：主要是植物油。

（2）树脂：天然树脂（松香、虫胶等）、人造树脂、合成树脂。

（3）乳液：乳胶漆的核心，起黏结粉料的作用，能使乳胶漆连续成膜，提供乳胶漆的基本性能。常用的乳液有苯丙乳液、醋丙乳液、EVA、纯丙乳液等。

2. 次要成膜物质

（1）颜料：赋予涂膜色彩、遮盖力，增强涂料的装饰性。

（2）填料：与颜料一起在涂膜中起骨架的作用，增强涂膜的机械强度，提高其耐光性和耐候性，改善涂料的物理和化学性能，降低涂料的成本，如碳酸钙、高岭土、滑石粉、云母粉等。

3. 辅助成膜物质

（1）溶剂和水：乳胶漆的分散介质，含量通常占总体的50%左右。

（2）助剂：在各个环节中帮助优化乳胶漆的各项性能，如润湿剂、分散剂、消泡剂、增稠剂、成膜助剂、防冻剂、防腐剂等。

（二）内墙漆

一般的内墙建筑油漆的涂装体系分为底漆和面漆两层。底漆具有防止墙面起碱、增加油漆附着力、增进涂膜丰满度及延长油漆使用寿命的作用，它的处理程度对涂装的最后性能及表面效果有较大的影响。面漆是涂装体系中的最后一道涂层，具有装饰、保护墙面和抵抗恶劣环境的功能。内墙漆结构如图4.2所示。

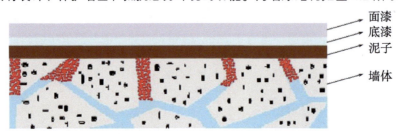

图4.2　内墙漆

内墙漆需保护及装饰内墙墙面，营造舒适的生活、工作、学习环境，使室内空间美观整洁。因此，此类油漆要具有色彩丰富；涂膜细腻，遮盖能力良好；耐碱性、耐水性、耐擦洗性好，不易粉化；透气性好，不易起鼓；涂刷方便，确保无刷痕、无流挂等性能。

内墙漆可分为乳胶漆、水溶性漆、多彩漆、仿瓷漆和艺术漆等。一般装修大多采用的是乳胶漆。

1. 合成树脂乳液内墙涂料（乳胶漆）

合成树脂乳液内墙涂料即乳胶漆（见图4.3）是以合成树脂乳液为主要成膜物质，加入着色颜料、填料、助剂，经混合、研磨而制得的薄质内墙涂料，这类涂料是不含毒性的。乳胶漆是一种乳液性油漆，以水为稀释剂，它是一种施工方便、安全、耐水性好、透气性好、颜色种类丰富的薄质内墙漆。乳胶漆可以随意配色，具有多种光泽（高光、亚光、无光、丝光等）。乳胶漆适合在混凝土、水泥砂浆、灰泥类墙面和顶棚、加气混凝土等基层上涂刷。

2. 水溶性涂料

水溶性内墙涂料是以水溶性合成树脂聚乙烯醇及其衍生物为主要成膜物质，加入适量的着色颜料、填料、少量的助剂和水，经研磨而成的。水溶性油漆的缺点是不耐水、不耐碱，涂层受潮后容易剥落，适用于一般内墙装修。该类涂料具有涂膜平滑且光泽度好、硬度适中，施工方便，价格便宜等优点，可用于水泥、石材、木材及金属的表面涂装。

3. 多彩内墙漆

多彩内墙漆（见图4.4）是由不相溶的两个液相组成，其中一相为分散介质，常为加有稳定剂的水相；另一相为分散相，由大小不等的两种或两种以上不同颜色的着色粒子构成，两液相相互不融合，以水包油形式分散在水相中，呈稳定状态。涂饰干燥后能形成坚硬结实的多彩花纹，一次喷涂可以形成多种颜色、花纹。多彩漆的涂膜色彩繁多、富有立体感，兼具油漆和壁纸的双重优点，具有独特的装饰效果。涂膜较厚且有弹性，耐擦洗性、耐久性较好。

图4.3　合成树脂乳液内墙涂料

4. 仿瓷漆

仿瓷漆（见图4.5）通过薄膜与压光施工后，涂膜光滑、平整、细腻、坚硬，其装饰效果很像瓷釉饰面。仿瓷漆色彩丰富，附着力强，但是施工工艺繁杂，耐擦洗性差。根据使用要求，可在仿瓷漆中加入不同剂量的消光剂，制成亚光或无光仿瓷漆。

　　　　图4.4　多彩内墙漆　　　　　　　　　　　　　　图4.5　仿瓷漆

5. 仿壁毯涂料

仿壁毯涂料成膜后表面类似毛毯或绒面，装饰效果非常独特，质感丰富，有吸声隔热效果。仿壁毯涂料涂层较厚，可达1~2 mm，涂层由纤维构成，因此具有吸声性，适用于居室及声学要求较高的场所。

6. 彩绘壁画

彩绘壁画（见图4.6）是用油漆绘制出壁画效果来装饰室内外。

图4.6　彩绘壁画

(三) 木器漆

图 4.7　木器漆

木器漆（见图 4.7）是用于木制品上的一类树脂漆，木器漆主要用于涂装木质装饰材料，涂装目的有两个，即保护作用和装饰作用。木器漆有聚酯漆、聚氨酯漆等，可分为水性和油性，按光泽可分为高光、半亚光、亚光，按用途可分为家具漆、地板漆等。木器漆具有良好的附着力、耐水性、耐冲击性、耐磨性等，能有效延长木材的使用寿命，涂膜饱满，具有良好的耐光性和保色性。

在装修时，如果想在装饰表面表现木材特有的纹理和色泽，可使用清漆透明涂装；如果木材表面多孔又破损，可以用有色的木器漆通过混油工艺覆盖涂刷以表现设计效果，如图 4.8 所示。

图 4.8　混油覆盖

亚光和半亚光木器漆涂刷效果如图 4.9 所示。

图 4.9　亚光和半亚光木器漆涂刷效果

1. 硝基清漆

硝基清漆是一种由硝化棉、醇酸树脂、增塑剂及有机溶剂调制而成的透明漆，属挥发性油漆，具有干燥快、光泽柔和、耐磨性和耐久性好等特点，是一种高级油漆。硝基清漆可分为亮光漆、半亚光漆和亚光漆三种。

2. 聚酯漆

聚酯漆是以聚酯树脂为主要成膜物制成的一种厚质漆，具有较高的光泽度、保光性、透明度、耐水性和耐化学药品性，其缺点是附着力不强，涂膜硬而脆。主要用于家具、钢琴等表面涂饰。

3. 聚氨酯漆

聚氨酯漆（见图 4.9）即聚氨基甲酸酯漆，它的涂膜坚硬，光泽度高，附着力强，柔韧性、耐水性、耐磨性、耐腐蚀性好，被广泛用于高级木器家具，也可用于金属表面。其缺点主要是存在遇潮起泡、涂膜粉化等问题。

4. 水性木器漆

水性木器漆（见图 4.10）是以水作为稀释剂的涂料。水性木器漆包括水溶性漆、水稀释性漆、水分散性漆（乳胶涂料）三种。水性木器漆的生产过程是一个简

图 4.10　水性木器漆

单的物理混合过程。水性木器漆以水为溶剂，无任何有害物质挥发，是目前最安全、最环保的家具涂料。但由于受涂装效果和涂装工艺等综合因素的影响，水性家具漆在国内的市场占有率还很低，但是其低碳环保的理念是未来家具涂料发展的方向。

水性木器漆在干燥速度、耐磨性等方面稍逊于油性木器漆，一般不使用在桌面、地板等部位。

5. 天然木器漆

天然木器漆（见图4.11）俗称大漆，又有"国漆"之称。从漆树上采集下来的汁液称为毛生漆或原桶漆，用白布滤去杂质后称为生漆。天然木器漆不仅附着力强、硬度高、光泽度高，而且具有突出的耐久、耐磨、耐水、耐油、耐溶剂、耐高温、耐土壤与化学药品腐蚀等优异性能。天然涂膜的色彩与光泽具有独特的装饰性能，是古代建筑、古典家具（尤其是红木家具）、木雕工艺品等制品的理想涂饰材料，不仅能增加制品的审美价值，而且能使制品经久耐用，提高其使用价值。

（a）大漆的采集

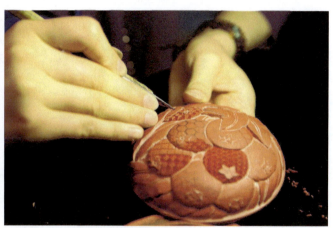
（b）国家级非物质文化遗产——大漆髹饰

图4.11 天然木器漆

（四）金属漆

金属漆（见图4.12）又称金属质感漆或铝粉漆，这种漆里含有金属粉末，所以经过涂装后的涂膜在不同角度的光线折射下，会形成丰富、新颖的闪烁感。通过改变铝粒颗粒的大小，可以控制涂膜的闪光程度和方式。

图4.12 金属漆

（五）特种涂料

1. 防火漆

防火漆可以有效延长可燃材料的引燃时间，阻止非可燃材料的表面温度升高，阻止或延缓火焰的蔓延和扩展，使人们争取到灭火和疏散的宝贵时间。防火漆适用于宾馆、娱乐场所、医院、办公大楼、机房、大型厂房等建筑的钢结构、混凝土、木材饰面、电缆上，可起到防火阻燃的作用。

2. 防水漆

防水漆在常温条件下涂于建筑物基层，通过溶剂的挥发、水分的蒸发，固化后形成一层无接缝的防水涂膜，涂膜使建筑物表面与水隔绝，对建筑物起到防水与密封作用。

3. 防霉涂料

防霉涂料以不易发霉涂料为主要成膜物质，加入两种或两种以上的防霉剂制成，可以达到预期的防霉效果，适用于食品厂、酒厂以及地下室等场所中易产生霉变的内墙墙面。

4. 防锈漆

防锈漆是一种可保护金属表面免受大气、海水等腐蚀的油漆，因它具有斥水作用，能彻底地除锈，所以适用于潮湿场所中的金属制品表面涂饰。

二、陶瓷、石材类

具体内容参见第三章第二节。

三、木质装饰材料

木质装饰材料是指包括木材、竹材以及以其为主要原料加工而成的一类适合于室内装饰装修的材料。木材是人类最早应用于建筑及其装饰装修的材料之一，它重量轻、强度高、刚性好、便于加工成型，具有较好的弹性和塑性以及很强的温暖质感，至今在建筑装饰装修中仍然占有极其重要的地位。如图 4.13 所示为实木橱柜。

木材按树种主要分为针叶和阔叶两种类型。

针叶树材（裸子植物，常绿树）材质均匀、纹理平顺、颜色较淡、木质软、易加工、得材率高、耐腐蚀性强，又称为"软木材"，是建筑工程中的承重构件，常用树种有红松、落叶松、云杉、冷杉和柏木等。

阔叶树材（被子植物，落叶树）结构细密、纹理复杂、颜色多样、硬度和相对密度高、材质优良、难加工、得材率低，又称为"硬木材"，是建筑工程中的装饰用材，常用的树种有榆树、柞树、水曲柳、椴树等，如图 4.14 所示。

各种木材的分子结构基本相同，所以密度平均为 1.55 g/cm³。木材的表观密度（气干密度）因树种不同而差

图 4.13　实木橱柜

（a）针叶树材

（b）阔叶树材

图 4.14　硬木材

异较大。木材的饱和含水率随树种、构造的不同而存在差异，一般在23%～33%之间波动，平均为30%。

常见的木质墙面装饰材料主要是各种人造饰面板、木线条等，主要是利用木材、木质纤维、木质碎料或其他植物纤维为原料，加胶黏剂和其他添加剂制成的板材。

（一）薄木贴面板

薄木贴面板即人造饰面板（见图4.15），是一种新型高级装饰材料，它是利用珍贵树种，如柚木、水曲柳、柳桉木等刨切成厚度为0.2～0.5 mm的薄木片，以胶合板为基材，采用先进的胶黏剂及黏结工艺制作而成。其花纹美丽动人、立体感强，具有自然美的特点，可作为顶棚、门窗套、家具饰面和酒吧台、酒柜、展台等的饰面材料。薄木贴面板作为一种表面装饰材料，必须粘贴在具有一定厚度和一定强度的基层上，不宜单独使用。

图4.15 人造饰面板

（二）胶合板

胶合板是原木切成薄片，经过干燥处理后，再用胶黏剂，以各层纤维互相垂直为原则黏合热压而成的人造板材。胶合板的层数多为奇数，一般为3层、5层、9层、11层、13层；在工程中常用3层和5层胶合板。胶合板板材幅面大，可加工性强，它改变了木材的纤维走向使其纵横交错，大大提高了板材的稳定性；其材质均匀、收缩性小，具有美丽的木纹，既可以直接做装饰面板又可以做装饰面板的基材。如图4.16所示胶合板及其应用。

(a) 胶合板　　　　(b) 弯曲胶合板椅子

图4.16 胶合板及其应用

胶合板主要用于门窗套、踢脚板、隔断造型、地板等部位作基材，其表面可用薄木片、防火板、PVC贴面板、涂料等贴面涂装。

（三）纤维板（密度板）

纤维板是以木材、竹材或其他农作物的茎秆等植物纤维为原料，经破碎、浸泡、研磨成木浆，再加入胶料，经热压成型、干燥而成的人造板材。纤维板分为软质纤维板（密度小于500 kg/m³）、中密度纤维板（密度为500～800 kg/m³）、硬质纤维板（密度大于800 kg/m³），中密度纤维板纤维分离度高、单元细小，表面光滑细腻，内部质地均匀，边缘牢固，强度高且耐水性好，可加工性较强，可刨、可锯，在装饰中可用作基材。纤维板各项

图 4.17 密度板雕花隔断

性能优良,是各种人造木材中品质较高的一种,广泛地用于制作隔断、隔墙、地面复合地板、家具等。如图 4.17 所示为密度板雕花隔断。

(四) 刨花板

刨花板(见图 4.18)又称微粒板、碎料板,是用木质碎料为主要原料,施加胶合材料、添加剂,经压制而成的薄型板材的统称。刨花板密度均匀,厚薄公差小,表面光滑,是非常好的贴面基材,同时也可用于制作箱柜的架子、边板、背板、抽屉、门心、柜台面等。密度板和刨花板的组成结构不同,如图 4.19 所示。

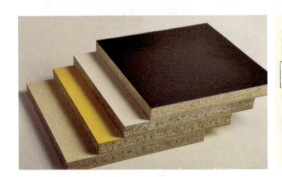
(a) 刨花板

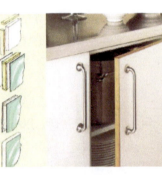
(b) 刨花板橱柜

图 4.18 刨花板

图 4.19 密度板和刨花板的区别

(五) 细木工板

细木工板是一种实木板芯的胶合板,由原木条为芯板,两个表面胶贴木制单板,再经过热压黏合而成,俗称大芯板。细木工板密度小、变形小、幅面大、表面平整,它的各项性能稳定且具有加工方便、强度高、吸声、握钉力好的特点,多用于制作家具、门窗套、墙面造型、地板等基材或框架。

(六) 指接集成板

指接集成板由于结构类似于天然木材,又有较好的尺寸稳定性和耐潮性,在家具和装饰装修中得到了广泛的应用,在人造板中已成为产量很高的板种之一。指接集成板如图 4.20 所示。

图 4.20 指接集成板

(七) 木线条

木装饰线条简称木线条(见图 4.21),是选用质硬、结构细密、耐磨、耐腐蚀、不劈裂、切面光滑、加工性良好、握钉力强的木材，经过干燥处理后，再经机械加工或手工加工而成。木线条可油漆成各种色彩或木纹本色，还可以进行对接、拼接或弯成各种弧线，在室内装饰中主要起着固定、连接、加强装饰面的作用。

　　　　（a）木装饰构件　　　　　　　　（b）中密度板木装饰线条

图 4.21　木线条

木线条包括以下几种。

（1）天花线，用于天花上不同层次面的交接处封边，天花上不同材面的对接处封口，天花平面上的造型线，天花上设备的封边。

（2）天花角线，用于天花与墙面、天花与柱面的交接处封口。

（3）墙面线，用于墙面上不同层次面的交接处封边、墙面上不同材面的对接处封口、墙裙压边、踢脚板压边、设备的封边、墙饰面材料压线、墙面装饰造型线，以及造形体、装饰隔墙、屏风上的收口线和装饰线、各种家具上的收边线。

四、壁纸

壁纸也称为墙纸，是一种新型裱糊室内墙面的装饰材料，广泛用于住宅、办公室、宾馆、酒店等场所的室内装修。其材质不局限于纸，也包含其他材料。壁纸色彩多样、图案丰富、豪华气派、安全环保、施工方便、价格适宜，是常见的墙面装饰材料。

（一）纸基壁纸

纸基壁纸（见图 4.22）也称复合壁纸，是出现最早的壁纸，将表纸和底纸经施胶压合为一体后，再经印刷、压花、涂布等工艺生产而得。纸面可印图案，装饰内容丰富，基底透气性好，能使墙体基层中的水分向外散发，不致引起变色、鼓包等现象。这种墙纸比较便宜，但性能差、不耐水、不能清洗，也不易施工，且易断裂。

（二）塑料壁纸

塑料壁纸（见图 4.23）一般用纸作为基材，表面涂塑，通过印花、压花或发泡等工艺制成的具有各种花纹、图案或某些特殊功能的装饰材料。PVC 壁纸是最常见的塑料壁纸，它以纸为基材，以聚氯乙烯树脂薄膜为面层，其优点是美观、耐用，有一定的伸缩性、

图 4.22　纸基壁纸

抗裂性，可制成各种图案及凹凸纹，有很强的质感，还有强度高、抗拉伸、易于粘贴的特点，陈旧后也易更换，且表面不吸水，可用布擦洗；其缺点是透气性较差、不够环保。

(三) 发泡壁纸

发泡壁纸（见图4.24）用纸作基材，涂掺有发泡剂的PVC糊状树脂，印花后再发泡而成。这种壁纸比普通壁纸显得厚实、松软。其中高发泡壁纸表面呈富有弹性的凹凸状；低发泡壁纸一般在发泡面上印有花纹图案，获得如浮雕、木纹、瓷砖等效果。发泡壁纸纹理质感强、价格低廉。

图4.23 塑料壁纸

图4.24 发泡壁纸

(四) 纺织壁纸

纺织壁纸（见图4.25）表面为纺织品类材料，面层选用布、化纤、麻、绢、丝、绸、缎等织物为原材料。纺织壁纸视觉上和手感上均柔和、舒适，具有高雅感，有些绢、丝织表面因其纤维的反光效应而显得十分秀美，但此类墙纸的价格比较昂贵，收缩率较大，对污染敏感，不易清理。

(五) 纯纸壁纸

纯纸壁纸（见图4.26）主要由草、树皮，以及现代高档新型天然加强木浆（含10%的木纤维丝）加工而成，花色自然、大方，粘贴技术简易，不易翘边、起泡，无异味，环保性能高，透气性强。现在市场上含有天然加强木浆的壁纸是纯纸系列中品质较高的产品，为优质木浆内加入木纤维丝精制而成，其强度大于普通纯纸壁纸，并且还可以用湿布擦拭，有防静电、不吸尘等特点。

图4.25 纺织壁纸

图4.26 纯纸壁纸

(六) 木纤维壁纸

木纤维壁纸（见图 4.27）又称无纺布壁纸，是目前国际上最流行的新型绿色环保壁纸，以棉麻等天然植物纤维经无纺成型。该类壁纸表底一体，无纸基，采用直接印花套色的先进工艺，比织物面壁纸图案更丰富；对人体没有化学侵害，透气性能良好，墙面的湿气、潮气都可透过壁纸散发；经久耐用，可以用水擦洗，也可以用刷子清洗。

图 4.27　木纤维壁纸

(七) 天然效果壁纸

天然效果壁纸（见图 4.28）是将草、木材、树叶、羊毛等天然材料干燥后粘于纸基上，风格自然、素雅大方，生活气息浓郁，给人以返璞归真的感受；但其耐久性、防火性较差，不宜用于人流量较大的场合。

图 4.28　天然效果壁纸

(八) 金属类壁纸

金属类壁纸（见图 4.29）是将金、银、铜、锡、铝等金属，经特殊处理后，制成薄片贴于壁纸表面，显得华丽富贵，比较炫目、前卫。金属壁纸通常用于顶棚表面，作"顶纸"使用，或用于舞厅、咖啡厅、酒吧等场所的墙面。在家居装修里比较少见，这种壁纸造成的效果异常壮观，给人一种金碧辉煌、庄重大方的感觉。

图 4.29　金属类壁纸

(九) 特殊壁纸

特殊壁纸一般以纸或布为基材，涂上特殊涂料，经过特殊加工而成，主要包括以下几种。

(1) 荧光壁纸：在印墨中加有荧光剂，在夜间会发光，常用于娱乐场所。
(2) 夜光壁纸：使用吸光印墨，白天接收光能，在夜间发光，常用于儿童房。
(3) 防菌壁纸：经过防菌处理，可防止霉菌滋生，适用于医院、病房。
(4) 吸音壁纸：使用吸音材料，适用于剧院、音乐厅、会议中心。
(5) 防静电壁纸：用于需要防静电场所，例如试验室、计算机房等。

五、玻璃

玻璃是一种较为透明的固体物质，在熔融时形成连续网络结构，冷却过程中黏度逐渐增大并硬化而不结晶的硅酸盐类非金属材料。普通玻璃的主要成分是二氧化硅,内部几乎无孔隙,属于致密材料。玻璃在日常环境中呈化学惰性,故此用途非常广泛。

(一) 平板玻璃

平板玻璃(见图4.30)是指未经其他加工的平板状玻璃制品,也称白片玻璃,按生产方法不同,可以分为普通平板玻璃和浮法玻璃。

图 4.30　平板玻璃

平板玻璃常用于门窗,起采光、围护、保温、隔声等作用,也可进一步加工成钢化、夹层、镀层、中空等其他玻璃原片。浮法玻璃是采用当今最先进工艺生产的平板玻璃,各种性能均优于其他工艺生产的平板玻璃,产品厚度可在 2~25 mm 范围,能满足建筑工程的不同需求,宜用于制造各种深加工玻璃,用途广泛。

平板玻璃根据用途有厚薄之分,5~6 mm 玻璃,主要用于外墙窗户、门扇等小面积透光造型之中;7~8 mm 玻璃,主要用于室内屏风等面积较大但又有框架保护的造型之中;9~10 mm 玻璃,可用于室内大面积隔断、栏杆等装修项目;11~12 mm 玻璃,可用于地弹簧玻璃门和一些活动人流量较大的隔断之中。

(二) 镜面玻璃

镜面玻璃(见图4.31)是采用现代先进制镜技术,选择特级浮法玻璃为原片,经敏化、镀银、镀铜、涂保护漆等一系列工序制成。高级银镜玻璃色泽还原度好、反射率高、影像亮丽自然、经久耐用。

图 4.31　镜面玻璃

(三) 钢化玻璃

钢化玻璃（见图4.32）是把普通平板玻璃在加热炉中加热至软化点，再迅速冷却处理而成的一种预应力玻璃。钢化玻璃在冷却过程中内部产生了张力，可提高玻璃的强度和耐热稳定性。

钢化玻璃相对于普通平板玻璃来说，具有两大特征：第一，前者强度是后者的数倍，抗拉强度是后者的3倍以上，抗冲击强度是后者的5倍以上；第二，钢化玻璃不容易破碎，即使破碎也会以无锐角的颗粒形式碎裂，可大大降低对人体的伤害。

钢化玻璃制品主要有平面钢化玻璃、曲面钢化玻璃等，平面钢化玻璃主要用于建筑物的门窗、隔墙与幕墙及橱窗等；曲面钢化玻璃主要用于汽车车窗等。

(四) 磨砂玻璃

磨砂玻璃（见图4.33）又称毛玻璃，是普通平板玻璃经磨砂加工而成。一般厚度在9 mm下，以5~6 mm厚度居多，表面粗糙，使通过的光线产生漫射，只有透光性而不透视，作为门窗玻璃可以使室内光线柔和，没有刺目感。一般用于建筑物的卫生间、浴室、办公室等不能受干扰的房间，也可用于室内隔断和作为灯箱透光片使用。

图4.32 钢化玻璃

图4.33 磨砂玻璃

(五) 中空玻璃

中空玻璃（见图4.34）多采用胶接法将两块玻璃保持一定间隔，玻璃原片可以是普通玻璃、钢化玻璃等，厚度通常是3~6 mm，间隔中是干燥的空气或其他惰性气体，空气层厚度为6~12 mm，周边再用密封材料密封而成。中空玻璃隔热保温性能好，主要用于采暖、空调、防噪音等有特殊要求的建筑物装饰工程之中。

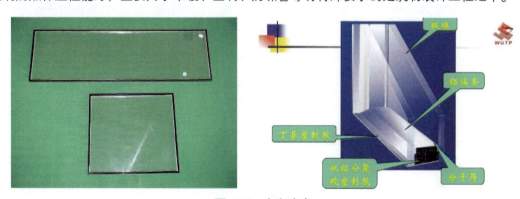

图4.34 中空玻璃

(六) 其他种类玻璃

1. 彩釉玻璃

彩釉玻璃一般以平板玻璃为基材,在玻璃的表面镀上一层陶瓷釉料,通过高温加热处理后,制成的有色彩和图案的玻璃。玻璃釉面图案精美,不褪色、不掉色,易于清洗,具有良好的化学稳定性和装饰性,广泛用于室内装饰面层、一般建筑物门厅和楼梯间的饰面层以及建筑物外饰面层,颜色和图案多样并可按客户要求定制。

2. 防弹玻璃

防弹玻璃(见图4.35)实际上就是夹层玻璃的一种,基材多采用强度较高的钢化玻璃,而且夹层的数量也相对较多,多用于银行或者豪宅等对安全要求非常高的装修工程之中。防弹玻璃的总厚度一般在20 mm以上,要求较高的防弹玻璃总厚度可以达到50 mm。

3. 玻璃砖

玻璃砖(见图4.36)的制作工艺基本和平板玻璃一样,不同的是成型方法,玻璃砖由两个凹型玻璃砖坯熔接而成,周边密封,中间为干燥的空气。玻璃砖具有耐压、抗冲击、隔音、防火、透明度高、装饰性好等特点,多用于装饰性项目或者有保温要求的透光造型之中。

图4.35 防弹玻璃

图4.36 玻璃砖

六、金属

金属材料在装饰性能上具有高雅、光彩夺目且强度高等优点,同时金属材料韧性大、耐久性好、保养维护容易,广泛运用于室内外墙面上。墙面金属板主要有铝合金装饰板、不锈钢装饰板、彩色涂层钢板、铝塑板等种类。

(一) 铝合金装饰板

铝材质轻、熔点低、呈银白色、耐腐蚀性强,具有良好的延展性及可塑性。铝合金装饰板是选用纯铝为原料制成的金属板材,具有质量轻、易加工、强度高、刚度好、经久耐用、防火、防潮、耐腐蚀等特点。铝合金装饰板施工方便、装饰效果好,适用于公共建筑室内外墙面和柱面的装饰。如图4.37所示为铝合金花纹板。

图4.37 铝合金花纹板

(二) 彩色涂层钢板

彩色涂层钢板（见图 4.38）是以冷轧钢板、电镀锌钢板或热镀锌钢板为基材经过表面脱脂、磷化等处理，再涂上有机涂料经烘烤而制成的产品。有机涂层可以配制成各种不同的色彩和花纹，故称之为彩色涂层钢板，它是一种复合材料，兼有钢板和有机材料的优点，既具有钢板的机械强度和良好的加工成型性，又具有有机材料良好的耐腐蚀性和装饰性，是一种用途广泛、物美价廉、经久耐用的新型装饰板材。

(a) 不同花色的钢板

(b) 钢板装饰墙

图 4.38 彩色涂层钢板

(三) 不锈钢装饰板

不锈钢装饰板（见图 4.39）是一种特殊的钢板，具有优异的耐腐蚀性、成型性以及令人赏心悦目的外表，因此在装饰工程中广泛应用，主要有彩色不锈钢板、镜面不锈钢板、浮雕不锈钢板等。

(四) 铝塑板

铝塑板（见图 4.40）是铝塑复合板的简称，它是以铝板为面，以聚乙烯或聚氯乙烯等材料作芯层，经过复合工艺制成。铝塑板重量轻、隔音防火、耐污染、色泽保持长久，易加工成型，安装方便。

图 4.39 不锈钢装饰板

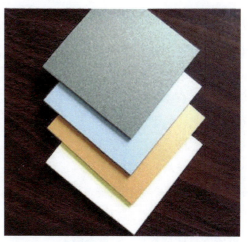
图 4.40 铝塑板

第三节 墙面装饰工程施工

一、施工基本要求

(一) 一般规定

(1) 墙面装饰工程应在墙面隐蔽及抹灰工程、吊顶工程已完成并经验收合格后进行。当墙体有防水要求时,应对防水工程进行验收。

(2) 采用湿作业法铺贴的天然石材应做防碱处理。

(3) 在防水层上粘贴饰面砖时,黏结材料应与防水材料的性能相容。

(4) 墙面面层应有足够的强度,其表面质量应符合国家现行标准的有关规定。

(5) 湿作业施工现场环境温度宜在 5 ℃以上;裱糊施工时空气相对湿度不得大于 85%,应防止湿度及温度剧烈变化。

(二) 主要材料质量要求

(1) 石材的品种、规格应符合设计要求,天然石材表面不得有隐伤、风化等缺陷。

(2) 墙面砖的品种、规格应符合设计要求,并应有产品合格证书。

(3) 木材的品种、质量等级应符合设计要求,含水率应符合国家现行标准的有关规定。

(4) 织物、壁纸、胶黏剂等应符合设计要求,并应有性能检测报告和产品合格证书。

二、内墙漆施工

(一) 一般规定

室内墙面涂饰施工应在抹灰、吊顶、细部、地面及电气工程等已完成并验收合格后进行。涂饰工程应优先采用绿色环保产品。混凝土或抹灰基层涂刷溶剂型涂料时,涂料含水率不得大于 8%;涂刷水性涂料时,涂料含水率不得大于 10%。涂料在使用前应搅拌均匀,并应在规定的时间内用完。施工现场环境温度宜在 5~35 ℃之间,并应注意通风换气和防尘。

涂料的品种、颜色应符合设计要求,并应有产品性能检测报告和产品合格证书。涂饰工程所用泥子的黏结强度应符合国家现行标准的有关规定。

涂饰施工前应对基层进行处理,混凝土及水泥砂浆抹灰基层应满刮泥子、用砂纸打磨光滑,表面应平整、线角顺直。若某些新建建筑墙面的混凝土和抹灰基层中含有尚未挥发的碱性物质,应在涂饰施工前涂刷抗碱的底漆。对泛碱、析盐的基层应先用 3% 的草酸溶液清洗,然后用清水冲刷干净或在基层上满刷一遍耐碱底漆,待底漆干后刮泥子，再涂刷面层涂料。若是对旧建筑墙面进行二次装饰，应先用铲子铲除旧装饰装修层，再进行涂装工程。纸面石膏板基层应按设计要求对板缝、钉眼进行处理，后满刮泥子，用砂纸打磨光滑。

（二）常用涂刷方法

1. 滚涂法

滚涂法（见图 4.41）是将蘸取漆液的毛辊先按 W 形运动将涂料大致涂在基层上，然后用不蘸取漆液的毛辊紧贴基层按上下、左右来回滚动，使漆液在基层上均匀展开，最后用蘸取漆液的毛辊按一定方向满滚一遍。阴角及上下口宜采用排笔涂刷找齐。

图 4.41　滚涂法

2. 喷涂法

喷枪压力宜控制在 0.4～0.8 MPa 范围内。喷涂时喷枪与墙面应保持垂直，距离宜在 500 mm 左右，匀速平行移动。两行重叠宽度宜控制在喷涂宽度的 1/3。喷涂法如图 4.42 所示。

3. 刷涂法

刷涂法应按先左后右、先上后下、先难后易、先边后面的顺序进行。涂刷作业应连续操作，一个工作面施工时中间不得间歇。刷涂法如图 4.43 所示。

图 4.42　喷涂法

图 4.43　刷涂法

（三）水溶性涂料施工（乳胶漆）

1. 施工程序

清理墙面→修补墙面、局部找平→砂纸磨光→刮第一遍泥子→砂纸磨光→刮第二遍泥子→砂纸磨光→刷第一遍乳胶漆→复补泥子、砂纸磨光→刷第二遍乳胶漆→刷第三遍乳胶漆。

2. 重点工艺流程

（1）清理墙面。

将墙面起皮及松动处清理干净，并用水泥砂浆补抹缺口处，将残留灰渣铲干净，然后将墙面扫净。

（2）修补墙面、局部找平。

用水石膏将墙面磕碰处及坑洼缝隙等处找平，干燥后用砂纸将凸出处磨掉，将浮尘扫净。

（3）刮泥子。

刮泥子遍数可由墙面平整程度决定，一般情况下为 2～3 遍，将墙面刮平刮光，干燥后用细砂纸磨平磨光，再将墙面清扫干净，不得漏磨或将泥子磨穿。如图 4.44 所示为刮泥子流程。

图 4.44　刮泥子流程

（4）刷第一遍乳胶漆。

涂刷顺序是先刷顶板后刷墙面，墙面是先上后下。先将墙面清扫干净，用布将墙面的粉尘擦掉。乳胶漆用排笔涂刷，使用新排笔时，将排笔上的浮毛和不牢固的毛理掉。乳胶漆使用前应搅拌均匀，适当加水稀释，防止头遍漆刷不开。干燥后复补泥子，再干燥后用砂纸磨光，清扫干净。

（5）刷第二遍乳胶漆。

操作要求同第一遍，使用前充分搅拌，若乳胶漆不是很稠，不宜加水，以防透底。涂膜干燥后，用细砂纸将墙面小疙瘩和排笔毛打磨掉，磨光滑后清扫干净。

（6）刷第三遍乳胶漆。

做法同第二遍乳胶漆。由于乳胶涂膜干燥较快，应连续迅速操作，涂刷时从一头开始，逐渐刷向另一头，要上下顺刷互相衔接，后一排笔紧接前一排笔，避免露出明显接头。

（四）浮雕涂料施工

浮雕涂料施工时要求浮雕涂饰的中层涂料应颗粒均匀，先用专用塑料辊蘸煤油或水均匀滚压一遍，要求涂刷厚薄一致，待底层完全干燥固化后再进行面层涂饰，面层若为水性涂料应采用喷涂，若为溶剂型涂料应采用刷涂，两层施工的间隔时间宜在 4 h 以上。

三、墙面砖铺贴施工

（一）施工程序

基层处理→放线定位→瓷砖浸润→选配、预铺编号→配制砂浆→铺贴、压实→嵌缝→养护→清理表面。

（二）重点工艺流程

1. 基层处理

铺贴墙面砖的基层材质一般是混凝土基层或水泥砂浆基层，如果是水泥砂浆基层应先将基层表面尘土杂物清理干净，铺贴前将基层表面洒水湿润，如果是混凝土基层，表面应凿毛，将表面洒水润湿后，涂刷水泥砂浆。

2. 瓷砖浸润

墙面砖铺贴前应进行挑选，并应浸水 2 h 以上，晾干表面水分。

3. 选配、预铺编号

选配、预铺编号（见图4.45）可以保证铺贴完成后的整体效果，铺贴前应进行放线定位和排砖，非整砖应排放在次要部位或阴角处。每面墙不宜有两列非整砖，非整砖宽度不宜小于整砖的1/3。

4. 配制砂浆

结合砂浆宜采用水灰比为1∶2的水泥砂浆，砂浆厚度宜为6~10 mm。水泥砂浆应满铺在墙砖背面，一面墙不宜一次铺贴到顶，以防塌落。

图4.45 选配、预铺编号

5. 铺贴、压实

铺贴前应确定水平及竖向标志，垫好底尺，挂线铺贴。墙面砖表面应平整，接缝应平直，缝宽应均匀一致。阴角砖应压向正确，阳角线宜做成45°角对接，在墙面凸出物处，应用整砖套割，不得用非整砖拼凑铺贴。铺贴与压实如图4.46所示。

图4.46 铺贴与压实

6. 嵌缝

根据墙面砖颜色调配专业填缝剂。嵌缝如图4.47所示。

图4.47 嵌缝

四、墙面石材铺贴施工

室内墙面石材铺贴有干挂法、湿作业法和粘贴法三种。

（一）干挂法

干挂法是通过在墙面安装钢架，用固定件将大理石板连接起来。

1. 施工程序

选配石材→基层处理→放线定位→安装固定件、龙骨→安装连接件→安装石材→嵌缝→清理表面。

2. 重点工艺流程

（1）基层处理、放线定位。

保证墙面干净，无浮土、浮灰，找平并涂好防潮层，然后根据施工图纸，在墙面上画线，拉好整体水平线和垂直控制线。放线定位如图4.48所示。

（2）安装固定件。

安装固定件（见图4.49）是根据施工图纸，在墙面钻孔埋下固定件，将龙骨连上固定件。要求龙骨安装牢固，与墙面相平。对于厚重的大理石板，需使用钢龙骨以降低石板对墙面的影响，并提高整体的抗震性。

图4.48　放线定位

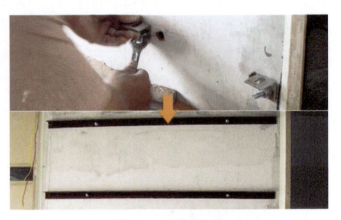

图4.49　安装固定件

（3）安装连接件。

固定好钢龙骨后，将连接大理石板的挂件安装到龙骨上。挂件的形状如同字母T，将T形挂件接到龙骨上，用挂件来挂大理石板即可。如图4.50所示为将挂件固定于龙骨上。

图4.50　将挂件固定于龙骨上

(4) 安装大理石板。

将石材连接在固定挂件上，在每一块石材四个角的上下方切口，口中注入云石胶，然后把连接件的上下卡片插入切口固定。安装石材如图 4.51 所示。

（5）嵌缝处理

石材板缝的缝隙采用黏合处理，清理干净夹缝内的灰尘、杂质，在板边缘粘贴胶带纸以防粘胶污染大理石表面，打胶后，要求胶缝光滑顺直。嵌缝处理如图 4.52 所示。

图 4.51　安装石材

图 4.52　嵌缝处理

（二）湿作业法

1. 施工程序

选配石材→基层处理→放线定位→安装预埋件、绑扎钢筋网→锚固石材→校正平整度→分层灌浆→嵌缝→清理表面。

2. 重点工艺流程

（1）选配石材。

墙面石材铺贴前应进行挑选，并应按设计要求进行预拼。强度较低或厚度较薄的石材应在背面粘贴玻璃纤维网布。

（2）安装预埋件、绑扎钢筋网。

当采用湿作业法施工时，固定石材的钢筋网应与预埋件连接牢固。

（3）锚固石材。

每块石材与钢筋网的拉接点不得少于 4 个。拉接用金属丝应具有防锈性能。

（4）分层灌浆。

灌注砂浆前应将石材背面及基层浸润，并应用填缝材料临时封闭石材板缝，避免漏浆。灌注砂浆宜用水灰比为 1∶2.5 的水泥砂浆，灌注时应分层进行，每层灌注高度宜为 150～200 mm，且不超过板高的 1/3。灌注后应将水泥砂浆插捣密实，待下层水泥砂浆初凝后方可灌注上层水泥砂浆。

（三）粘贴法

当采用粘贴法施工时，基层处理应平整但不应抛光。胶黏剂的配合比应符合产品说明书的要求。胶液应均匀、饱满地涂抹在基层和石材背面，石材就位时位置应准确，并应立即挤紧胶液，找平、找正石材面，并进行顶、卡固定，溢出的胶液应随时清除。

五、木质装饰墙施工

（一）施工程序

基层处理→放线定位→防潮、防腐处理→安装木龙骨→安装基层板→安装饰面板→涂刷油漆。

（二）重点工艺流程

1. 基层处理

木质装饰墙制作安装前应检查基层的垂直度和平整度，有防潮要求的应进行防潮处理。

2. 放线定位

按设计要求弹出标高、竖向控制线、分格线。打孔安装木砖或木楔，孔深度应不小于 40 mm，木砖或木楔应做防腐处理。放线定位如图 4.53 所示。

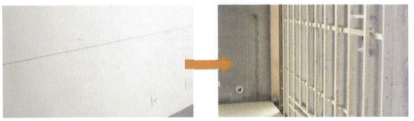

（a）基层处理＋弹性　　　　（b）安装木龙骨

图 4.53　放线定位

3. 安装木龙骨

龙骨间距应符合设计要求。当设计无要求时，横向间距宜为 300 mm，竖向间距宜为 400 mm。龙骨与木砖或木楔的连接应牢固。

4. 安装饰面板

饰面板安装前应进行选配，颜色、木纹对接应自然谐调。饰面板固定应采用射钉或胶粘，接缝应在龙骨上，接缝应平整。镶接式木装饰墙可用射钉从凹槽边倾斜射入，安装第一块时必须校对竖向控制线；安装封边收口线条时应用射钉固定，钉的位置应在线条的凹槽处或背视线的一侧。如图 4.54 所示为安装饰面板。

图 4.54　安装饰面板

5. 涂刷油漆

饰面板安装后应进行涂刷油漆，使装饰效果更好地显现出来。

(三) 木器漆涂料施工

木器漆油饰施工前应保证木质基层含水率不大于12%。

1. 清漆施工

清漆施工时应保证木质基层表面平整光滑、颜色谐调一致，表面无污染、裂缝、残缺等缺陷。

施工程序：清理木质表面→砂纸磨光→刮第一遍泥子→砂纸磨光→刮第二遍泥子→砂纸磨光→刷第一遍清漆→拼色、修色→复补泥子、细砂纸磨光→刷第二遍清漆→细砂纸磨光→刷第三遍清漆→清理表面→打上光蜡、擦光。

清漆施工如图4.55所示。

木质基层上的节疤、松脂部位应用虫胶漆封闭，钉眼处应用油性泥子嵌补。在刮泥子、上色前，应涂刷一遍封闭底漆，然后反复对局部进行拼色和修色，每修完一次，刷一遍中层漆，漆干后打磨，直至色调谐调统一，再做饰面漆。油漆在使用前应充分搅拌均匀，如需配色，应根据使用量一次调配完成，以免产生色差。

2. 调和漆（混油）施工

调和漆施工时应保证木质基层表面平整、无严重污染，施工程序和清漆施工程序一致。

图4.55 清漆施工

调和漆施工应注意在涂刷面漆之前先在基层上满刷清油一遍，待清油干后用油泥子将钉孔、裂缝、残缺处嵌刮平整，并打磨光滑，再刷中层和面层油漆。这样可以保证木材含水率的稳定性，同时也可以增加调和漆对基层的附着力。

调和漆也可用喷涂法进行施工。调和漆（混油）施工如图4.56所示。

木器含水率不超过8%~12%，板材表面可用240#砂纸打磨平整、光滑，保证无油脂等污染，然后把灰尘清理干净。

如果是翻新家具就要对木材进行检查，如有钉眼或漏洞需先将其补平。

漏洞填补完好干固后用320#砂纸打磨，可增加表面平整度，有助于提高底漆附着力。

 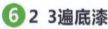

打磨完后视表面平整度，开始批刮泥子，尽量薄刮（做开放式效果此步可省略，开放式效果需木器本身有木纹）。

待泥子干燥后用400#砂纸打磨彻底并清理板材上浮尘，保持板材表面干净、光滑（做开放式效果此步可省略，开放式需木器本身有木纹）。

在泥子或第一道底漆上面涂刷2~3遍底漆，涂刷的时间间隔请参照说明。

图4.56 调和漆（混油）施工

底漆干燥后用 400#~600# 砂纸打磨,或使用更精细的砂纸进行打磨,使底材细腻光滑。

底漆封闭做好后,再将搅拌均匀的面漆涂上 1~2 遍即能达理想的效果。

续图 4.56

六、软包墙面施工

(一) 施工程序

基层处理→放线定位→防潮处理→安装木龙骨→铺钉基层板→拼装软包墙面→镶压装饰线条。

(二) 重点工艺流程

1. 基层处理

软包墙面所用填充材料、纺织面料和龙骨、木基层板等均应进行防火处理。墙面应进行防潮处理,即均匀涂刷一层清油或满铺油纸,不得用沥青油毡做防潮层。

2. 安装木龙骨

木龙骨宜采用凹槽榫工艺预制,可整体或分片安装,与墙体连接应紧密、牢固,如图 4.57 所示。

3. 拼装软包墙面

填充材料的制作尺寸应正确,棱角应方正,应与木基层板黏结紧密。织物面料裁剪时经纬应顺直。软包墙面安装应紧贴墙面,接缝应严密,花纹应吻合,无波纹起伏、翘边和褶皱,表面应干净整洁。拼装软包墙面如图 4.58 所示。

图 4.57 安装木龙骨

图 4.58 拼装软包墙面

4. 镶压装饰线条

软包墙面与压线条、贴脸线、踢脚板、电气盒等的交接处应严密、顺直、无毛边。电气盒盖等需开洞处,软包墙面的套割尺寸应准确。

七、墙面裱糊施工

(一) 施工程序

基层处理→选配、编号→刷防水、防霉层→调制与涂刷胶水→铺贴与修边处理。

(二) 重点工艺流程

1. 基层处理

墙面基层处理必须彻底，基层表面应平整、结实、光滑，不得有粉化、起皮、裂缝和凸出物，色泽应一致。开关、插座等凸出墙面的电气盒，进行墙面装饰材料裱糊前应先卸去盒盖。

2. 选配、编号

壁纸、墙布裱糊前应按壁纸、墙布的品种、花色、规格进行选配。就测量的墙面高度，用壁纸刀裁剪壁纸。裁剪好的壁纸，应按次序摆放、拼花、编号，裱糊时应按编号顺序粘贴。一般情况下，可以先裁 3 卷壁纸进行试贴。测量壁纸尺寸如图 4.59 所示，裁剪壁纸如图 4.60 所示。

图 4.59　测量尺寸　　　　　　　　图 4.60　裁剪壁纸

3. 刷防水、防霉层

为防止壁纸铺贴到墙面后吸水发霉，需要对墙面基层进行防水、防霉处理。可以采用刷清漆或者刷基膜的方法，其中刷基膜是现在比较常用的方法。基膜是一种专业抗碱、防潮、防霉的墙面处理材料，能有效地防止施工基面的潮气、水分及碱性物质外渗。基层刷防水、防霉层如图 4.61 所示。

(a) 准备基膜　　　　　(b) 配水调制　　　　　(c) 滚筒涂刷上墙

图 4.61　基层刷防水防霉层

4. 调制与涂刷胶水

调制胶水可以在裁剪壁纸前进行，壁纸胶水一般是通过调配胶粉和胶浆制成的。取胶粉、胶浆倒入盛水的容器中，调成米糊状、拌匀，将胶水用滚筒或毛刷刷涂到裁好的壁纸背面。涂好胶水的壁纸将正面面对面对折，将对折好的壁纸放置 5～10 min，使胶液完全透入纸底。涂刷胶水如图 4.62 所示。

(a) 加入胶粉　　　　　　(b) 加入胶浆　　　　　　(c) 涂刷壁纸背面

图 4.62　涂刷胶水

5. 铺贴与修边处理

铺贴壁纸的时候可先弹线保证横平竖直，铺贴顺序是先垂直后水平、先高后低。铺贴时用刮板（或马鬃刷）由上向下、由内向外轻轻刮平壁纸，挤出气泡与多余胶液，使壁纸平坦紧贴墙面。壁纸铺贴好后，用刀片把上下左右两端以及壁纸贴合重叠处的壁纸裁掉。如果有胶液渗出，需要用海绵蘸水擦除。壁纸铺贴与修边处理如图 4.63 所示。

(a) 先垂直后水平、先高后低　　　　　　(b) 开关插座处壁纸修剪

图 4.63　铺贴与修边处理

八、墙面玻璃施工

用玻璃做电视背景墙，能给室内带来很强的现代感，还有增强采光的作用。

（一）施工程序

基层处理→安装木芯板→安装、固定玻璃板。

（二）重点工艺流程

1. 基层处理

墙面进行基本的处理，刮清泥子并批灰，要求墙面平整、干净，没有浮土、灰尘，并涂好防潮层做保护。

2. 安装木芯板

基层处理好后，为使玻璃面板安装牢固且平整，可选择木芯板覆盖基层。根据设计尺寸，在欲安装玻璃背景墙的墙壁上钉入木芯板打底，要求钉位均匀，木芯板安装牢固、整体紧贴墙壁、效果平整。安装木芯板如图 4.64 所示。

3. 安装装饰玻璃

用木芯板打底后，接下来应粘贴玻璃板。根据设计

图 4.64　安装木芯板

画出粘贴区域，将玻璃胶均匀涂于玻璃板背面，然后将玻璃板粘贴于大芯板上。对于体积、重量较大的玻璃板，可根据情况追加镜钉保证其安装牢固。在玻璃上进行钻孔时，需使用专门的玻璃钻花，防止玻璃碎裂。安装装饰玻璃如图 4.65 所示。

图 4.65　安装装饰玻璃

第五章
顶面装饰工程
DINGMIAN ZHUANGSHI GONGCHENG

第一节 概述

顶棚又称天花、天棚，是除墙体、地面以外构成室内空间的另一主要部分，它的装饰效果优劣，直接影响整个建筑空间的装饰效果。顶面装饰工程是将装饰面板与原建筑结构保持一定的空间距离，通过不同的饰面材料，不同的艺术造型和装饰构造，凭借悬吊的空间来隐藏原建筑结构错落的梁体，并使消防、电器、暖通等隐蔽工程的管线不再外露。在获得整体统一的视觉美感的同时，顶棚还起吸收和反射音响，安装照明、通风和防火设备的功能作用。

一、顶面构造类型

（一）直接式顶棚

直接式顶棚是在屋面板或楼板结构底面直接做饰面材料的顶棚，它具有构造简单、构造层厚度小、施工方便、可取得较高的室内净空以及造价低等特点，但由于没有隐蔽管线、设备的内部空间，故多用于普通建筑或空间高度受到限制的房间。直接式顶棚按施工方法可分为直接抹灰式顶棚、直接喷刷式顶棚、直接粘贴式顶棚、直接固定装饰板顶棚及结构顶棚。直接抹灰式顶棚如图 5.1 所示。

（二）悬吊式顶棚

悬吊式顶棚是指装饰面悬吊于屋面板或楼板下并与屋面板或楼板间隔一定距离的顶棚，俗称吊顶。悬吊式顶棚可结合灯具、通风口、音响、喷淋、消防设施等进行整体设计，形成变化丰富的立体造型，以改善室内环境，满足不同使用功能的要求。纸面石膏板饰面顶棚如图 5.2 所示。

图 5.1　直接抹灰式顶棚

图 5.2　纸面石膏板饰面顶棚

(三) 软膜天棚

软膜天棚的施工工艺原理是在预留空间造型的基础上，按照设计图纸实地测量尺寸，工厂定制加工模块，现场安装完成。软膜天棚可配合各种灯光系统（如霓虹灯、荧光灯、LED 灯）营造梦幻般、无影的室内灯光效果，同时摒弃了玻璃或有机玻璃的笨重、危险以及小块拼装的缺点，已逐步成为新的装饰方法。软膜天棚色彩丰富，安装方便，具有防火、节能、防水、抗老化等性能，并且安全环保，是理想的顶面装饰材料。软膜天棚如图 5.3 所示。

图 5.3　软膜天棚

(四) 采光天棚

采光天棚是由钢结构、铝合金结构、木结构等作为骨架支撑，将透明玻璃、阳光板等材料，通过工程结构固件和工程胶水结合而成。采光天棚如图 5.4 所示。

(a) 武汉植物园的采光天棚　　　　　　　　(b) 卢浮宫的玻璃金字塔

图 5.4　采光天棚

二、顶面装饰形式

(一) 连片式

连片式是将整个顶棚做成平直或弯曲的连续体。这种顶棚常用于室内面积较小、层高较低或有较高的清洁卫生和光线反射要求的房间，如手术室、小教室、卫生间、洗衣房等。连片式装饰效果如图 5.5 所示。

（二）分层式

在同一室内空间，根据使用要求，将局部顶棚降低或升高，构成不同形状的分层小空间，或将顶棚从横向或纵向、环向，做成不同的层次，利用错层处来布置灯槽、风口等设施。分层式顶棚适用于中、大型室内空间，如活动室、会堂、餐厅、音乐厅、体育馆等。分层式装饰效果如图 5.6 所示。

图 5.5　连片式装饰效果

图 5.6　分层式装饰效果

（三）立体式

将整个顶棚按一定规律或图形进行分块，安装凹凸较深而具有船形、锥形、箱形外观的预制块材，营造良好的韵律感和节奏感。在布置时可根据要求，嵌入各种灯具、风口、消防喷头等设施。这种顶棚对声音具有漫射效果，适用于各种尺寸和用途的房间，尤其是大厅和录音室。

（四）悬空式

把杆件、板材或薄片吊挂在结构层下，形成格栅状、井格状或自由状的悬空层。上部的自然光或人工照明的光线，经过悬空层挂件的漫射变得光影交错、均匀柔和、富有变化，具有良好的深度感。悬空式顶棚常用于供娱乐活动使用的房间，可以活跃室内气氛。在一些有声学要求的房间，如录音棚、体育馆等，还可根据需要，吊挂各种吸声材料。悬空式装饰效果如图 5.7 所示。

图 5.7　悬空式装饰效果

第二节 顶面装饰材料

一、顶面装饰骨架材料

顶面装饰骨架材料即吊顶龙骨（见图5.8），用于撑起外面的装饰板，承受吊顶面层的荷载，起支架作用，主要有木龙骨、轻钢龙骨（镀锌铁板或由钢板滚轧、冲压而成）、T形铝合金龙骨、烤漆龙骨等。

吊顶龙骨分为明龙骨和暗龙骨，明龙骨暴露于顶面装饰饰面板上，常见的有T形龙骨；暗龙骨隐藏于吊顶内部，安装好后不可见，常见的有轻钢龙骨、木龙骨等。烤漆龙骨是由防火的镀锌板制造，经久耐用。

图5.8　吊顶龙骨

（一）木龙骨

木龙骨（见图5.9）俗称为木方，主要由松木、椴木、杉木等树木加工成截面为长方形或正方形的木条。木龙骨目前仍然是家庭装修中最常用的骨架材料，可以制作复杂的吊顶装饰造型。木龙骨最大的优点就是价格便宜且易施工，但木龙骨自身也有不少问题，比如易燃、易霉变腐朽，在作为吊顶和隔墙龙骨时，需要在其表面刷上防火涂料。

(a) 松木龙骨

(b) 杉木龙骨

(c) 骨架

图5.9　木龙骨

（二）轻钢龙骨

轻钢龙骨（见图5.10）是以优质的连续热镀锌钢板为原材料，经冷弯工艺轧制而成的建筑用金属骨架。轻钢龙骨在室内装饰材料中较常见，适用于饰面板材的钉固式吊顶装饰。轻钢龙骨防火、不易变形、承载能力强，但不适于制作复杂造型的吊顶。

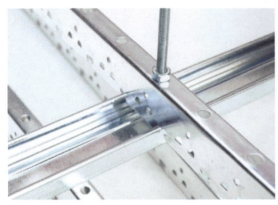 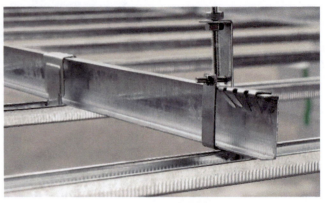

(a) 轻钢龙骨架　　　　　　　　　　　　(b) 轻钢龙骨组合

图 5.10　轻钢龙骨

（三）铝合金龙骨

铝合金龙骨（见图 5.11）分为三个部分，主龙骨称为大 T，次龙骨称为小 T，修边角则是用作墙边收尾和固定的。铝合金龙骨表面经氧化处理后不会生锈和脱色，主要用于承载较轻的饰面板材，如矿棉板和玻璃纤维板等。

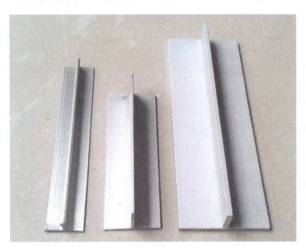 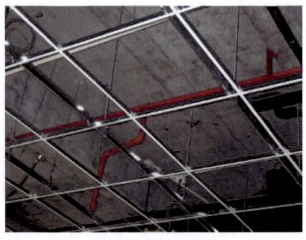

(a) T 形铝合金龙骨型材　　　　　　　　(b) T 形铝合金龙骨架

图 5.11　铝合金龙骨

（四）吊杆

吊杆（见图 5.12）的作用是承受吊顶面层和龙骨架的荷载，并将这些荷载传递给屋顶的承重结构。吊杆的材料主要为钢筋。

图 5.12　吊杆

二、顶面装饰饰面材料

顶面装饰饰面材料主要有纸面石膏板、胶合板（夹板）、铝扣板、铝塑板、埃特板等。

(一) 纸面石膏板

纸面石膏板是以建筑石膏为主要原料，掺入适量添加剂与纤维作为板芯，以特制的板纸为护面，经加工制成的板材。纸面石膏板具有重量轻、隔声、隔热、加工性能强、施工方便的特点。纸面石膏板的种类很多，市面上常见的纸面石膏板有以下3类。

1. 普通纸面石膏板

普通纸面石膏板（见图5.13），采用象牙白色板芯、灰色纸面，是最为经济与常见的品种，适用于无特殊要求的场所。

2. 耐水纸面石膏板

耐水纸面石膏板（见图5.14），其板芯和护面纸均经过防水处理，达到一定的防水要求，适用于连续相对湿度不超过95%的场所，如卫生间、浴室等。

3. 耐火纸面石膏板

耐火纸面石膏板（见图5.15），其板芯内增加了耐火材料和大量玻璃纤维。

图 5.13　普通纸面石膏板

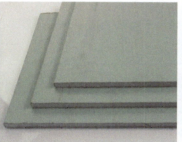

图 5.14　耐水纸面石膏板

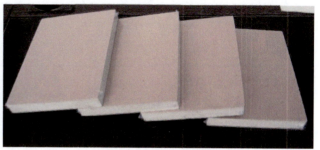

图 5.15　耐火纸面石膏板

(二) 胶合板

具体情况参见第四章第二节墙面装饰材料的相关内容。

(三) 铝扣板

铝扣板（见图5.16）以铝合金板材为基底，通过开料、剪角、模压成型，表面可使用各种不同的涂层加工。铝扣板主要分两种类型，一种是家装集成铝扣板，另一种是工程铝扣板。集成铝扣板由于板面形式丰富、安全环保、重量轻、强度高、使用寿命长等优势而受到广泛应用。

图 5.16　铝扣板

(四) 埃特板

埃特板（见图5.17）是一种纤维增强硅酸盐平板（纤维水泥板），其主要原材料是水泥、植物纤维和矿物质，经流浆法高温蒸压而成，是一种具有高强度、高耐久性等优越性能的纤维硅酸盐板材，为不燃性A1级材料，具有防火、防潮、防水、隔音效果好、环保、安装快捷、使用寿命长等优点。

(五) 硅钙板

硅钙板（见图5.18）又称石膏复合板，是一种多元材料，一般由天然石膏粉、白水泥、胶水、玻璃纤维复合而成。硅钙板具有防火、防潮、隔音、隔热等性能。

图 5.17　埃特板

(六) 矿棉板

矿棉板（见图5.19）一般指矿棉装饰吸声板。矿棉板是以矿渣棉为主要原料，加适量添加剂，经配料、成型、干燥、切割、压花、饰面等工序加工而成，具有很好的隔声、隔热效果。矿棉板无害、无污染，是一种变废为宝、有利环境的绿色建材。

图 5.18　硅钙板　　　　　　　　　　图 5.19　矿棉板

第三节 顶面装饰工程施工要点

一、施工基本要求

(一) 一般规定

（1）吊杆、龙骨的安装间距、连接方式应符合设计要求。预置埋件、金属吊杆、龙骨应进行防腐处理。木吊杆、木龙骨、造型木板和木饰面板应进行防腐、防火、防蛀处理。

（2）吊顶材料在运输、安装、存放时应采取相应保护措施，防止其受潮、变形或损坏其表面和边角。

（3）重型灯具、电扇及其他重型设备严禁安装在吊顶龙骨上。

（4）吊顶内填充的吸音、保温材料的品种和铺设厚度应符合设计要求，并应有防散落措施。

（5）饰面板上的灯具、烟感器、喷淋头、风口等设施的位置应合理、美观，与饰面板交接处应严密。

（6）吊顶与墙面、窗帘盒的交接应符合设计要求。

（7）搁置式轻质饰面板，应按设计要求设置压卡装置。

（8）胶黏剂的类型应按所用饰面板的品种配套选用。

（二）主要材料的质量要求

（1）吊顶工程所用材料的品种、规格和颜色应符合设计要求。饰面板、金属龙骨应有产品合格证书。木吊杆、木龙骨的含水率应符合国家现行标准的有关规定。

（2）饰面板表面应平整、边缘应整齐、颜色应一致。穿孔板的孔距应排列整齐，胶合板、木质纤维板、木芯板不应脱胶、变色。

（3）防火涂料应有产品合格证书及使用说明书。

二、龙骨安装施工

（一）轻钢龙骨安装施工

1. 施工程序

弹线→安装吊杆→安装主龙骨→安装吊顶内设备管道→安装次龙骨→校正、固定→安装饰面板。

轻钢龙骨吊顶结构图如图 5.20 所示。

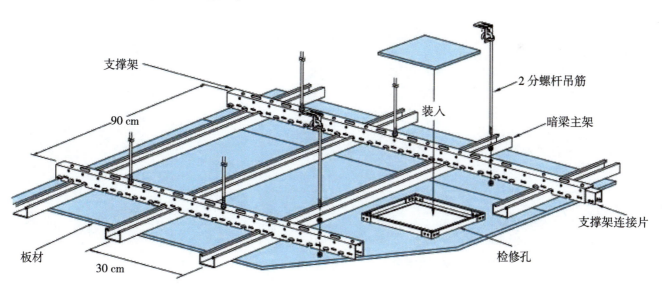

图 5.20　轻钢龙骨吊顶结构图

2. 重点工艺流程

（1）弹线。

根据图纸先在墙上、柱上弹出顶棚标高水平墨线，在顶板上画出吊顶布局，确定吊杆位置。

(2)安装吊杆。

吊杆应通直,距主龙骨端部距离不得超过 300 mm。当吊杆与设备相遇时,应调整吊点构造或增设吊杆。边龙骨应按设计要求弹线,固定在四周墙上。

安装吊杆如图 5.21 所示。

图 5.21　安装吊杆

(3)安装主龙骨。

主龙骨的吊点间距、起拱高度应符合设计要求,当设计无要求时,吊点间距应小于 1.2 m,应按房间短向跨度的 1%～3% 起拱。主龙骨安装后应及时校正其标高。安装主龙骨如图 5.22 所示。

(4)安装次龙骨。

暗龙骨系列的次龙骨应用连接件将其两端连接在通长主龙骨上。明龙骨系列的次龙骨与通长主龙骨搭接处的间隙不得大于 1 mm。次龙骨应紧贴主龙骨安装。固定板材的次龙骨间距不得大于 600 mm,在潮湿地区和场所,次龙骨间距宜为 300～400 mm。用沉头自攻钉安装饰面板时,接缝处次龙骨宽度不得小于 40 mm。安装次龙骨如图 5.23 所示。

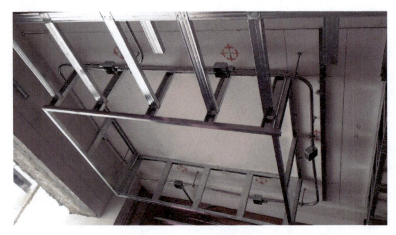

图 5.22　安装主龙骨

图 5.23　安装次龙骨

(5)校正、固定。

全面校正主、次龙骨的位置及平整度,连接件应错位安装。

(6)安装饰面板。

安装饰面板前应完成吊顶内管道和设备的调试与验收,安装时应按规格、颜色等进行分类选配。安装石膏板如图 5.24 所示。

图 5.24　安装石膏板

（二）木龙骨安装施工

1. 施工程序

弹顶棚标高水平线→画龙骨分档线→安装管线设施→安装主龙骨→安装次龙骨→防腐处理→安装饰面板。

2. 施工要点

（1）弹顶棚标高水平线、画龙骨分档线。

根据楼层标高水平线，顺墙高量到顶棚设计标高，沿墙四周弹顶棚标高水平线，并在四周的标高线上画好龙骨的分档位置线。

（2）安装管线设施。

在弹好顶棚标高线后，应进行顶棚内水、电设备管线安装，较重吊物不得吊于顶棚龙骨上。安装管线设施如图 5.25 所示。

（3）安装主龙骨。

应将主龙骨用吊挂件连接在吊杆上，拧紧螺丝卡牢，并保证其设计标高。吊顶起拱按设计要求，主龙骨两端距墙不大于 150 mm，安装主龙骨时主龙骨接长可用接插体连接。主龙骨安装完毕后应进行调平。

（4）安装次龙骨。

次龙骨底面应刨光、刮平，截面厚度应一致。次龙骨间距应按设计要求，设计无要求时，应按饰面板规格决定，一般为 400~500 mm。通过短吊杆将次龙骨用圆钉固定在主龙骨上，吊杆要逐根错开，不得吊钉在龙骨的同一侧面上。通长次龙骨对接接头应错开，采用双面夹板用圆钉错位钉牢，接头两侧各钉两个钉子。

图 5.25　安装管线设施

（5）防腐处理。

顶棚内所有裸露的杆件，必须在钉罩面板前刷防腐漆，木骨架与结构接触面应进行防腐处理。

三、饰面板安装施工

暗龙骨饰面板包括纸面石膏板、纤维水泥加压板、胶合板、金属方块板、金属条形板、塑料条形板、石膏板、钙塑板、矿棉装饰吸声板和格栅等。

饰面板与暗龙骨骨架结合固定时应注意：以轻钢龙骨、铝合金龙骨为骨架，采用钉固法安装时，应使用沉头自攻钉固定；以木龙骨为骨架，采用钉固法安装时，应使用木螺钉固定，胶合板可用铁钉固定。金属饰面板采用吊挂连接件、插接件固定时应按产品说明书进行；采用复合粘贴法安装时，胶黏剂未完全固化前板材不得有强烈振动。

饰面板与明龙骨骨架结合固定时应注意：饰面板安装应确保企口的相互咬接及图案花纹的吻合。饰面板与龙骨嵌装时应防止相互挤压过紧或脱挂。采用搁置法安装时应留有板材安装缝，每边缝隙不宜大于 1 mm。玻璃吊顶的龙骨上留置的玻璃搭接宽度应符合设计要求，并应采用软连接。矿棉装饰吸声板如采用搁置法安装时，应有定位措施。

（一）纸面石膏板的安装

板材应在自由状态下进行安装，用自攻钉固定，并经过防潮处理，安装时先将石膏板就位，从板的中间向板的四周固定。纸面石膏板螺钉与板边距离：纸包边宜为 10~15 mm，切割边宜为 15~20 mm。板周边钉距宜为 150~170 mm，板中钉距不得大于 200 mm。安装双层石膏板时，上下层板的接缝应错开，不得在同一根龙骨上接缝。螺钉头宜略埋入板面，并不得使纸面破损。钉眼应做防锈处理并用泥子抹平。石膏板的接缝应按设计要求进行处理。

纸面石膏板的安装如图 5.26 所示。

（二）钙塑板的安装

当采用钉固法安装钙塑板时，螺钉与板边距离不得小于 15 mm，螺钉间距宜为 150~170 mm，螺钉应均匀布置，并应与板面垂直，钉帽应进行防锈处理，钉眼应用与板面颜色相同的涂料涂饰或用石膏泥子抹平。当采用黏结法安装钙塑板时，胶黏剂应涂抹均匀，不得漏涂。

（三）矿棉装饰吸声板的安装

矿棉装饰吸声板不宜在房间内湿度过大时安装。安装前应预先拼板，保证花样、图案的整体性。安装时，矿棉板上不得放置其他材料，防止板材受压变形。

（四）铝扣板的安装

铝扣板安装时应在大面积整块板安装完毕后，再安装墙边、灯孔、检修口等特殊部位的板材，有搭口缝的铝扣板，应顺搭口缝方向逐块进行安装。铝扣板应用力插入企口内，使其啮合，并用木榔头将铝扣板轻击平整。安装时注意对缝尺寸，安装完后轻轻撕去板材表面保护膜。

铝扣板的安装如图 5.27 所示。

图 5.26　纸面石膏板的安装

图 5.27　铝扣板的安装

第六章 门窗工程

MENCHUANG GONGCHENG

门窗是建筑围护面的重要组成部分，将室内外分隔开来，具有通行、通风、采光等基本作用，在现代建筑中，除了这些基本功能以外，人们对门窗的标识性、舒适性、安全性等有了更多、更人性化的要求，同时它还应具有防护、防盗、保温、隔热、隔音，甚至于防爆、抗冲击波等功能。

第一节 概述

一、门窗的分类

(一) 门的分类

1. 按开启方式分

(1) 平开门。

平开门是指水平开启的门，有单扇门、双扇门、内开门、外开门之分。平开门构造简单、开启灵活、加工制作简便、便于维修，是建筑中使用最广泛的一种门。平开门如图 6.1 所示。

(2) 推拉门。

推拉门开启时门扇沿上、下轨道左右滑行，可为单扇或双扇，根据轨道的位置推拉门可分为上挂式和下滑式。推拉门开启时不占空间，受力合理，但关闭时密闭性差，多用作室内门。推拉门如图 6.2 所示。

图 6.1 平开门

图 6.2 推拉门

(3) 折叠门。

折叠门一般由多扇门组成，折叠门构造较复杂，开启时占用空间少。折叠门如图 6.3 所示。

(4) 卷帘门。

卷帘门是由一块块水平的金属片条组成，分页片式和空格式两种。金属片条两端置放在两边的滑槽内，开启时由门洞上部的卷动滚轴将门扇叶片卷起。卷帘门开启时不占用室内外空间，但构造复杂、造价高，一般适用于商业建筑的外门或厂房大门。

(5) 旋转门。

旋转门是由三扇或四扇门扇组成，在两个固定的弧形门套内能垂直旋转的门。旋转门有隔绝室内外气流的作用，可防止冷风直接吹入室内，但不适用于疏散人流量较大的公共建筑。旋转门构造复杂、造价高。旋转门如图 6.4 所示。

图 6.3　折叠门　　　　　　　　　　　图 6.4　旋转门

2. 按门的用途分

(1) 防盗门。

防盗门用金属材料制作，由专门的工厂加工成成品，在现场进行安装。防盗门如图 6.5 所示。

(2) 防火门。

防火门是指能够满足建筑防火要求的一种特殊门。按材质来分，防火门可分为木质和钢质两种。木质防火门在木质门表面涂以耐火涂料，或用装饰防火胶板贴面，以达到防火要求，其防火性能稍差一些。钢质防火门采用普通钢板制作，在门扇夹层中填入页岩棉等耐火材料，是能满足耐火稳定性、完整性和隔热性要求的门。防火门如图 6.6 所示。

图 6.5　防盗门　　　　　　　　　　　图 6.6　防火门

(3) 隔声门。

隔音门是以塑钢、铝合金、碳钢等建筑五金材料，经挤出成型材，然后通过切割、焊接或螺接的方式制成门扇，配装上密封胶条、毛条、五金件、玻璃、吸声棉、木质板、钢板、石棉板、镀锌铁皮等环保吸音材料的门。门缝密闭处理措施对门的隔声、保温以及防尘性能有很大影响，通常采用的措施是在门缝内粘贴填缝材料，如橡胶管、海绵橡胶条、泡沫塑料条等。常用隔声门如图6.7所示。

(4) 自动门。

自动门（见图6.8）具有将人接近门的动作（或将某种入门授权）识别为开门信号的控制单元，可通过驱动系统将门开启，在人离开后再将门自动关闭，对开启和关闭的过程实现控制。自动门的使用不仅完美地提升了整个建筑的时尚感，更是在一定程度上对室内形成了有效的保护。

图6.7　隔声门

图6.8　自动门

图6.9　固定窗

（二）窗的分类

1. 固定窗

固定窗不能开启，一般不设窗扇，只能将玻璃嵌固在窗框上。有时为同其他窗产生相同的效果也设窗扇，但窗扇固定在窗框上。固定窗仅作采光和眺望之用，通常用于只考虑采光而不考虑通风的场合。由于窗扇固定，玻璃面积可稍大些。固定窗如图6.9所示。

2. 平开窗

平开窗在窗扇一侧装铰链，与窗框相连。平开窗构造简单，制作与安装方便，开启面积大，窗扇能全部打开，通风好，密封性好，隔音、保温、抗渗性能优良。平开窗有单扇、双扇之分，可以内开或外开。内开便于擦窗，但开启时占据室内空间，若制作不当，雨天会向室内渗水。外开的窗扇防水性能好，开启时不占室内空间，但风雨天气易受损，对五金件强度要求较高。平开窗如图6.10所示。

3. 推拉窗

推拉窗简洁、美观，既能保证室内的采光，又能改善建筑物的整体形貌，使用灵活、安全可靠，在一个平面内开启，占用空间少，窗扇的受力状态好、不易损坏，密封性较好。缺点是两扇窗户不能同时打开，最多只能打开一扇，通风性相对差一些。推拉窗如图6.11所示。

图6.10 平开窗

图6.11 推拉窗

4. 悬窗

悬窗是沿水平轴开启的窗。根据铰链和转轴位置的不同，分为上悬窗、下悬窗、中悬窗。上悬窗：铰链安装在窗扇的上边，一般向外开启，防雨性能好。下悬窗：铰链安装在窗扇的下边，一般向内开启，通风性能较好，但不防雨。中悬窗：窗扇两边中部装水平转轴，开关方便、省力、防雨。悬窗如图6.12所示。

图6.12 悬窗

5. 百叶窗

百叶窗的叶片一般采用木、玻璃和铝合金等材料，可抵挡阳光、风雨、灰尘的侵蚀。百叶窗如图6.13所示。

二、门窗的组成

（一）门的组成

门一般由门框、门扇、亮子、五金零件及附件组成。

门框是门与墙体的连接部分，由上框、边框、中横框和中竖框

图6.13 百叶窗

组成。门框在墙中的位置，可在墙的中间或与墙的一边平齐，一般多与开启方向的一侧平齐，尽可能使门扇开启时贴近墙面。门扇是门的主体，可自由开关的部分。亮子是门扇上方的窗，用于采光通风。五金零件包括门锁、把手、铰链、插销、门槛、猫眼、闭合器、轨道等。附件包括贴脸板、筒子板等。

（二）窗的组成

窗主要由窗框和窗扇组成。窗扇有玻璃窗扇、纱窗扇、板窗扇、百叶窗扇等。窗的组成部分还包括各种铰链、风钩、插销、拉手以及支撑杆、导轨、转轴、滑轮等五金零件，有时要加设窗台、贴脸、窗帘盒等。常用的门窗五金件如表 6.1 所示。

表 6.1　常用的门窗五金件

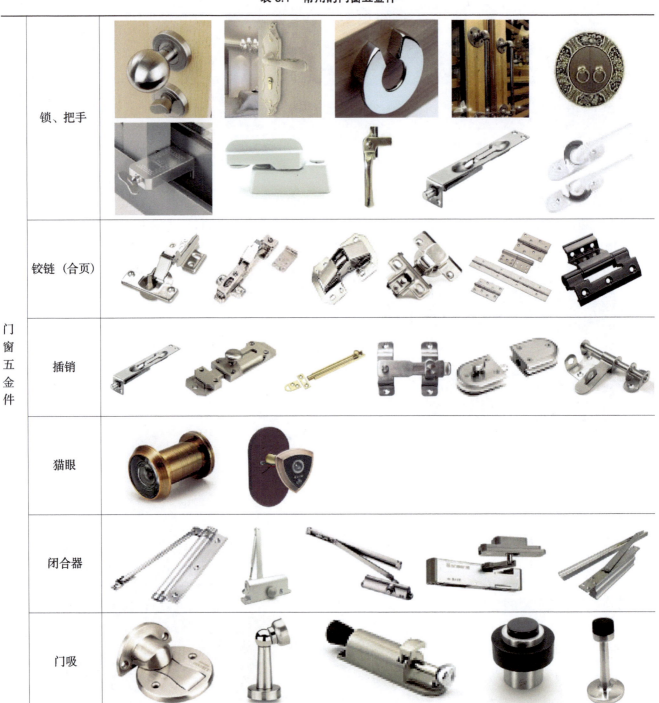

第二节 门窗工程施工

一、施工基本要求

（一）一般规定

（1）门窗安装前应仔细检查门窗的品种、规格、开启方向、平整度等方面是否符合国家现行标准的有关规定，检查门窗的附件是否齐全。

（2）木门窗在存放、运输时应采取保护措施防止其受潮、碰伤、污染与暴晒。

（3）塑料门窗贮存的环境温度应小于50 ℃，与热源的距离不应小于1 m，当在温度为0 ℃的环境中存放时，安装前应在室温下放置24 h。

（4）铝合金、塑料门窗运输时应竖立排放并固定牢靠。樘与樘间应用软质材料隔开，防止相互磨损或压坏玻璃、五金件。

（5）门窗的固定方法应符合设计要求。门窗框、扇在安装过程中，应防止变形和损坏。

（6）门窗安装应采用预留洞口的施工方法，不得采用边安装边砌口或先安装后砌口的施工方法。

（7）推拉门窗扇必须有防脱落措施，扇与框的搭接应符合设计要求。

（8）建筑外墙的门窗的安装必须牢固，在砖砌体上安装门窗严禁用射钉固定。

（二）主要材料质量要求

（1）门窗、玻璃、密封胶等应按设计要求选用，并应有产品合格证书。

（2）门窗的外观、外形尺寸、装配质量、力学性能应符合国家现行标准的有关规定，塑料门窗中的竖框、中横框或拼樘料等主要受力杆件中的增强型钢，应在产品说明中注明规格、尺寸。门窗表面不应有影响外观质量的缺陷。

（3）木门窗采用的木材，其含水率应符合国家现行标准的有关规定。在木门窗的结合处和五金配件安装处，均不得有木节或已填补的木节。

（4）金属门窗选用的零附件及固定件，除不锈钢外均应做防锈处理。

（5）塑料门窗组合窗及连窗门的拼樘料应采用与其内腔紧密吻合的增强型钢作为内衬，型钢两端比拼樘料长出10～15 mm。外窗的拼樘料的截面积及型钢的形状、壁厚，应能使组合窗承受本地区的瞬间风压值。

（6）门窗的制作与安装必须符合国家标准《建筑装饰装修工程质量验收规范》（GB 50210—2001）的规定，不同的门窗，其制作工艺和安装方法也有所不同。

二、铝合金门窗的安装施工

铝合金门窗采用铝镁硅系合金型材为主要材料制成，这种材料质轻，耐蚀，强度、刚度高，无毒，耐高温，防火性能好，使用寿命长，可满足各种复杂断面的多种功能，是一般材料很难替代的，已被广泛应用于民用建筑中。铝合金门窗如图 6.14 所示。

(一) 铝合金门窗的制作

1. 制作程序

备料、下料→钻孔→组装、修整→装密封条→镶嵌玻璃、装启闭配件→成品检验、保护包装。

2. 重点工艺流程

(1) 下料。

下料主要使用切割设备，材料长度应根据设计要求并参考门窗施工大样图来确定，要求切割准确，断料尺寸误差值应控制在 2 mm 范围内。铝合金门窗的下料如图 6.15 所示。

图 6.14　铝合金门窗　　　　　　　　图 6.15　铝合金门窗的下料

(2) 钻孔。

铝合金门窗的框扇组装一般采用螺钉连接，在相应的位置钻孔。钻孔前应根据组装要求在型材上弹线定位，要求钻孔位置准确，孔径合适。铝合金门窗的钻孔如图 6.16 所示。

(3) 组装。

将型材根据施工大样图要求通过连接件用螺钉连接组装，如图 6.17 所示。

图 6.16　铝合金门窗的钻孔　　　　　　　图 6.17　铝合金门窗的组装

(4) 装密封条。

测量出门窗的高度，按此高度，用剪刀截断密封条；将密封条安装到正确位置并压紧，密封条应尽量与顶端边缘对齐，注意转角接口处位置吻合，密封条衔接之间不要有缝隙，如图 6.18 所示。

（5）镶嵌玻璃、装启闭配件。

在塞缝、墙体抹灰等湿作业工序全部完成后，才能镶嵌玻璃。安装固定玻璃前，应检查窗框四角接缝打胶情况，确保接缝密封严密。保证各种配件和零件齐全、装配牢固、使用灵活、安全可靠，达到应有的功能要求。

（6）成品检验和保护。

门窗进入施工现场后应在室内竖直摆放，成品和材料不能接触地面和积水，底部用枕木垫起，严禁与酸、碱性材料一起存放，室内应整洁、干燥、通风。外露拉手等五金配件应采用塑料薄膜纸包裹，验收之前不能拆掉。铝合金门窗成品保护如图 6.19 所示。

图 6.18 铝合金门窗安装密封条

图 6.19 铝合金门窗的成品保护

（二）铝合金门窗的安装

1. 施工程序

施工放线→门窗框就位→固定门窗框→填缝→安装门窗扇。

2. 重点工艺流程

（1）施工放线。

先弹出门窗洞口的中心线，从中心线确定其洞口宽度。在洞口两侧弹出同一标高的水平线，要求水平线在同一楼层内标高均应相同。

（2）固定门窗框。

铝合金门窗安装时，门窗放进洞口内时应横平竖直，用木楔临时固定，门窗调整至横平竖直，再将连接件与墙体固定，固定方法按设计要求。门窗框固定牢固后即可拔去木楔。固定铝合金窗框如图 6.20 所示。

（3）填缝。

门窗框与墙体间的缝隙不得用水泥砂浆填塞，应采用弹性材料填塞饱满，表面应用密封胶密封。门窗框的填缝如图 6.21 所示。

图 6.20 固定铝合金窗框

图 6.21 填缝

(4) 安装门窗扇。

将配好的门窗扇分内扇和外扇，先将内扇插入上滑道和内槽内，使内扇自然下落于对应的下滑道的内槽内，然后再用同样的方法装外扇。窗上所有滑轮均应调整，以使扇底部毛条压缩均匀，并使扇的立梃与框平行。

三、塑钢门窗的安装施工

由于塑钢门窗型材具有独特的多腔室结构，并经熔接工艺而成门窗，因此具有良好的物理性能，其热工性能好、密封性能优良、加工精密、耐腐蚀，形状和尺寸稳定，使用轻便、灵活，抗冲击性好，开闭时无冲击声，不但具有木材的保温性，还具有铝合金材的装饰性，应用广泛。塑钢门窗如图6.22所示。

图 6.22　塑钢门窗

（一）塑钢门窗的制作

1. 制作流程

断料→钻孔→组装→保护与包装。

2. 重点工艺流程

(1) 断料。

按照门、窗各杆件需要的长度画线，按线用切割设备进行断料。断料时应根据设计图纸中设计的规格、尺寸，结合所用型材的长度，长短搭配，合理用料，减少短头废料。塑钢门窗的断料如图6.23所示。

图 6.23　塑钢门窗的断料

(2) 钻孔。

在进行钻孔前，应先在工作台或铝型材上画好线，量准孔眼的位置，经核对无误后再进行钻孔，以免钻出废孔，难以修复。现场制作需钻孔时，要求操作人员应将孔位定准，钻头垂直。

(3) 组装。

横竖杆件的连接，一般采用专用的连接件或铝角，再用螺钉、螺栓或铝拉钉固定。门、窗的配件均是成品，安装时按正确的位置固定即可。组装用的螺钉，宜用不锈钢螺钉，以免表面锈蚀破坏。塑钢门窗的组装如图 6.24 所示。

图 6.24　塑钢门窗的组装

(4) 保护与包装。

门、窗组装完毕后应对其进行保护，一般可用塑料胶纸、塑料薄膜等材料，将所有杆件的表面严密包裹起来。包装好的门、窗，要做好标记，在堆放和运输时严禁平放，必须竖放，以减小门、窗框的受力变形。

(二) 塑钢门窗的安装

1. 施工程序

找中弹线→门窗框安装固定→塞缝→抹口→门窗扇五金件安装→打密封胶。

2. 重点工艺流程

(1) 找中弹线。

量出最上层门窗的安装位置，找出中线并吊垂以下各层门窗洞口中心线并在墙上弹线，量出上下各樘门窗框的中心线并标记。

(2) 门窗框安装固定。

将门窗框塞入洞口，根据图纸要求的位置及标高，用木楔及垫块将框临时固定，框中心线与洞口中心线对齐，调整标高，待各项数值均符合要求后，用膨胀塞固定。门窗框、副框和扇的安装必须牢固。固定片或膨胀螺栓的数量与位置应正确，连接方式应符合设计要求，固定点应距窗角、中横框、中竖框 100～150 mm，固定点间距应小于或等于 600 mm。塑钢门窗框的安装固定如图 6.25 所示。

(3) 塞缝。

框洞之间应填塞闭孔泡沫塑料、发泡聚苯乙烯等弹性材料，分层填实，拆掉木楔后的空隙同样应分层填塞相同材料。塑钢门窗的塞缝如图 6.26 所示。

图 6.25　塑钢门窗框的安装固定

图 6.26　塑钢门窗的塞缝

(4) 抹灰做口。

内外口抹灰时，外侧窗台应略低于内侧窗台。外侧抹灰不能淹没框下的出水口。

(5) 门窗扇及五金件安装。

门窗安装五金配件时，应钻孔后用自攻螺钉拧入，不得直接锤击钉入。扇在安装前一定要检查其是否变形或翘曲，安装完毕后要检查其推拉是否灵活，五金件要牢固好用。门窗的五金件如图6.27所示。

(6) 打密封胶。

门窗框与墙体间缝隙不得用水泥砂浆填塞，应采用弹性材料填塞饱满，表面应用密封胶密封，要求胶液连续、均匀、薄厚合适。将飞边及多余嵌缝膏用布或棉丝及时清理干净。门窗打密封胶如图6.28所示。

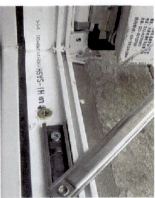

图6.27 门窗的五金件

图6.28 门窗打密封胶

图6.29 木门窗

四、木门窗的安装施工

木门窗取材容易、制作方便、加工工艺简单，无须使用大型复杂的机械设备，并且样式多、装饰效果好，价格也较为便宜，能够满足高、中、低端装饰的需求。木门窗如图6.29所示。

(一) 木门窗的制作

1. 制作程序

配料、截料→画线→打眼→拉肩、开榫→裁口、倒角→拼装。

2. 重点工艺流程

(1) 配料、截料。

在配料、截料时，对木材要进行选择，精细下料，采用马尾松、木麻黄、桦木、杨木等易腐朽、虫蛀的树种时，整个构件应做防腐、防虫处理，不用腐朽、斜裂、结疤大、不干燥的木料。制作门窗时木料往往需要大量刨削，拼装时也会有一定的损耗，所以在配料时要合理地确定加工的余量。

(2) 画线。

画线时应仔细看清图纸要求，弄清楚榫、眼的尺寸和形式，画线时要选木料的光面作为正面，有缺陷的放在背面。门窗框、扇画线如图6.30所示。

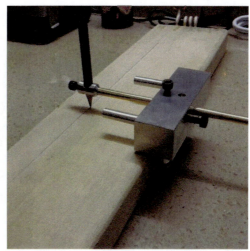

图 6.30 门窗框、扇画线

(3) 打眼。

打通眼时,先打背面,后打正面。成批生产时,要经常核对、检查眼的位置、尺寸,以免发生误差。凿好的眼要求形状方正、两侧平直,眼内要清洁不留木渣。门窗打眼如图 6.31 所示。

(4) 拉肩、开榫。

拉出的肩和榫要平、正、直、方、光,不得变形。门窗开榫如图 6.32 所示。

图 6.31 门窗打眼　　　　图 6.32 门窗开榫

(5) 裁口、倒角。

裁口、倒角必须方正、平直、光滑,线条清晰、深浅一致,不得有戗槎、起刺或凸凹不平。门窗裁口、倒角如图 6.33 所示。

(6) 门窗拼装成形。

拼装前对部件应进行检查。要求部件方正、平直,线脚整齐分明,表面光滑,尺寸、规格、样式符合设计要求。门窗框靠墙的一面应刷防腐涂料。拼装好的成品,应在明显处编写号码,用楞木四角垫起,离地 20～30 cm,水平放置,加以覆盖保护。门窗的拼装如图 6.34 所示。

图 6.33 门窗裁口、倒角

图 6.34　门窗的拼装

（二）木门窗的安装

现代建筑施工中，木门窗多采用塞口安装方式，这种安装方式是指在砌筑墙体时，预先按门窗尺寸留好洞口并在洞口两边预埋木砖，待墙体施工完成后，将门窗框塞入洞口内，在木砖处垫好木片并用钉子钉牢，预埋木砖的位置应避开门窗安装铰链处。

1. 施工程序

弹线（找出门窗框安装位置）→掩扇及安装样板→安装门窗框→安装门窗扇→安装门窗玻璃及五金配件。

2. 重点工艺流程

（1）弹线（找出门窗安装位置）。

室内外门框应根据图纸所示的位置、标高安装，按门的高度设置木砖，门窗框与砖石砌体、混凝土或抹灰层接触部位以及固定用木砖等均应进行防腐处理，弹线如图 6.35 所示。

（2）掩扇安装样板。

将窗扇按图纸要求安装到窗框上，检查缝隙大小、尺寸及五金位置，作为样板。

（3）门窗框的安装。

门窗框安装前应校正方正，加钉必要拉条避免变形。安装门窗框时，每边固定点不得少于两处，其间距不得大于 1.2 m。门窗框的一面需镶贴脸板时，门窗框应凸出墙面，凸出的厚度应等于抹灰层或装饰面层的厚度。门窗框的安装如图 6.36 所示。

图 6.35　弹线　　　　　　　　　　图 6.36　门窗框的安装

（4）门窗扇的安装。

测量门窗框裁口净尺寸，并考虑留缝宽度，确定拟装扇的高、宽尺寸。五金配件应安装齐全、位置适宜、固定牢靠。窗的风钩的安装要注意使上下各层窗扇的开启角度一致。

(5) 门窗玻璃安装。

玻璃安装前应检查框内尺寸,将槽口内的污垢清除干净。安装木框、扇玻璃,可用钉子固定,钉距不得大于300 mm,且每边不少于两个;用木压条固定时,应先刷底油后安装,并不得将玻璃压得过紧。安装长边大于1.5 m或短边大于1 m的玻璃,应用橡胶垫并用压条和螺钉固定。

(6) 木门窗五金配件的安装。

五金配件安装应按图纸要求不得遗漏。合页距门窗扇上下端宜取立梃高度的1/10,并应避开上、下冒头。五金配件安装应用木螺钉固定。硬木应钻2/3板厚度的孔,孔径应略小于木螺钉直径。门锁不宜安装在冒头与立梃的结合处。窗拉手距地面宜为1.5~1.6 m,门拉手距地面宜为0.9~1.05 m。为防止门扇开启后碰墙,固定门扇位置,可安装定门器。对于有特殊要求的门应按要求安装门扇开启器。

五、断桥铝合金门窗的安装施工

断桥铝是指隔断冷热桥,因为铝合金是金属,导热比较快,所以室内外温度相差很多时,铝合金就成为热量传递的"桥"了,断桥就是将铝合金从中间断开,采用硬塑料与两边的铝合金相连,而塑料导热慢,这样热量就不容易传递了,所以叫断桥铝合金。断桥铝截面图如图6.37所示。

隔热断桥铝合金门窗结合了木窗的环保,铁窗、钢窗的牢固安全,塑钢门窗的保温节能的特点,其突出优点是刚性好、防火性好、保温隔热性能好、强度高、采光面积大、耐大气腐蚀、使用寿命长、装饰效果好、综合性能优良,是今后建筑用门窗、家居装修用门窗的首选。断桥铝合金门窗的水密性、气密性良好,具有隔音、节能、防尘、防水等功能。

(一) 断桥铝合金门窗的制作

1. 制作流程

备料、下料→型材组装→装配压条→装配门窗扇→半成品保护、储存。

2. 重点工艺流程

(1) 备料、下料。

检查型材表面是否光洁,无明显划痕、擦伤、撞伤、变形等,并颜色均一,型材内腔无异物,保护膜完整。按型材加工图所示尺寸及数量进行下料,切割应无明显毛刺。

(2) 型材组装。

组装前,对型材外观和尺寸进行检查,表面应光洁无划伤,组装面应无污染、无油污,型材下料后2天内及时组装完整。组装后型材表面应平整统一。断桥铝角码组装如图6.38所示。

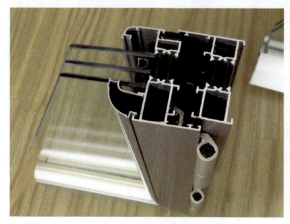

图6.37 断桥铝截面图

图6.38 断桥铝角码组装

(3) 装配压条。

安装玻璃前，窗扇胶条必须完整、无脱落，且无翘曲现象，并加装防震垫块和承重垫块，且用密封胶粘牢。玻璃压条的安装，应先装上下边，后装左右边，保证其横向贯通，装配后的压条为横压竖。

(4) 装配门窗扇。

门窗构件应连接牢固，需用耐腐蚀的填充材料使连接部分密封、防水。门窗结构应有可靠的刚度，根据需要设置加固件。门窗扇装配后不应有妨碍启闭的下垂或扭曲变形。门窗用玻璃、五金等附件，其质量应与门窗的质量等级相适应。

（二）断桥铝合金门窗的安装

1. 施工流程

清理洞口→门窗框调整、固定→填塞缝隙→安装五金配件→安装玻璃→打胶、清理。

2. 重点工艺流程

(1) 清理洞口。

装窗户前，需复核洞口尺寸是否正确、是否横平竖直，对不符合要求的洞口进行提前处理。

(2) 门窗框固定。

当门窗框与墙体固定时，应先固定上框，而后固定边框，如图6.39所示为窗框的固定。

(3) 填塞缝隙。

门窗框与洞口之间的伸缩缝内腔应采用闭孔泡沫塑料、发泡聚苯乙烯等弹性材料分层填塞，表面用密封胶密封。对保温、隔声要求较高的工程，应采用相应的隔热、隔声材料填塞。如图6.40所示为填塞缝隙。

(4) 安装五金配件。

固定好门窗框后，接下来就是安装门窗扇和其他配件了，五金配件表面不应有飞边、毛刺、明显划痕、砂眼、凹坑等缺陷。连接处铆钉端部必须平整、光滑。门窗扇与门窗框的连接应牢固，紧固铆接处不应松动，保证门窗扇安装好以后启闭顺畅，无障碍。如图6.41所示为五金配件的安装。

图6.39　窗框固定

图6.40　填塞缝隙

图6.41　五金配件的安装

(5) 安装玻璃。

安装玻璃前，应清出槽口内的杂物。使用密封膏前，接缝处的表面应清洁、干燥。玻璃不得与玻璃槽直接接触，应在玻璃四边垫上不同厚度的垫块，边框上的垫块应用胶黏剂固定。镀膜玻璃应安装在玻璃的最外层，单面镀膜玻璃的镀膜层应朝向室内。

(6) 打胶、清理。

打完发泡胶后，再在窗框的周边均匀抹上密封胶，以防止雨水从窗和墙体的安装缝隙渗入室内。

第七章

水电暖工程

SHUI DIAN NUAN GONGCHENG

第一节 电气工程

电力应用按照电力输送功率的强弱可以分为强电与弱电两类。建筑及建筑群用电一般指交流 220 V，50 Hz 及以上的强电，主要向人们提供电力能源，将电能转换为其他能源，例如空调用电、照明用电、动力用电等。

建筑装饰工程中的强电，是指交流电电压在 24 V 以上的电能。家用电器中的照明灯具、电热水器、取暖器、冰箱、电视机、空调、音响设备等均为强电电气设备。

建筑中的弱电主要有两类，一类是国家规定的安全电压等级及控制电压等低电压电能，如应急照明灯备用电源等。另一类是载有语音、图像、数据等信息的信息源，如电话、电视、计算机的信息源。随着现代弱电高新技术的迅速发展，智能建筑中弱电技术的应用越来越广泛，如智能消防系统、监控系统、智能广播等。弱电技术的应用程度决定了智能建筑的智能化程度。弱电系统工程主要包括如下几种。

（1）电视信号工程，如电视监控系统、有线电视。
（2）通信工程，如电话。
（3）智能消防工程。
（4）扩声与音响工程，如小区中的背景音乐广播。
（5）综合布线工程，主要用于计算机网络。

随着计算机技术的飞速发展，软硬件功能的迅速强大，各种弱电系统工程和计算机技术的完美结合，使以往的各种工程分类不再像以前那么清晰，各类工程的相互融合，就是系统集成。

如图 7.1 所示为室内布线现场图，图中红色线为强电用线，蓝色线为弱电用线。

一、电气工程材料

（一）电线

1. 强电用线

建筑装饰施工中所用的电线为铜芯电线，导通电流稍大，施工方便，适合弯曲和暗装。铜芯电线如图 7.2 所示。

图 7.1　布线现场图

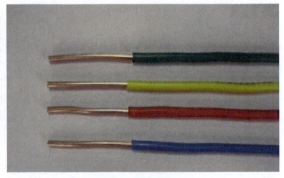

图 7.2　铜芯电线

铜芯电线类型及用途如表 7.1 所示。

表 7.1　铜芯线类型及用途

铜芯电线类型	用　　途
1.5 mm²	照明线路
2.5 mm²	一般电源插座线路
4.0 mm²	空调线路、厨卫进线、电热水器
6.0 mm²	大功率空调回路
10.0 mm²	入户线

2. 弱电用线

有线电视线（见图 7.3）用于有线电视信号传输。

音响线（见图 7.4）用于音频连接。

网线（见图 7.5）用于网络通信。

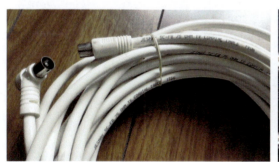

图 7.3　有线电视线　　　　图 7.4　音响线　　　　

图 7.5　网线

（二）开关插座

1. 开关

开关如图 7.6 所示。

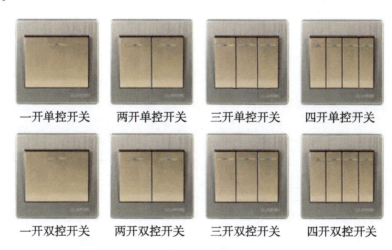

图 7.6　开关

2. 插座

插座如图 7.7 所示。

10 A 五孔插座　　16 A 三孔插座　　10 A 三孔插座　　10 A 七孔插座　　大板门铃按钮　　电视分支插座　　一位电视插座

一位电话插座　　一位电脑插座　　两位电脑插座　　两位电话插座　　电话电脑插座　　两位电视插座　　声光控延时

触摸延时开关　　人体感应开关　　通用调速开关　　通用调光开关　　两头音响插座　　四头音响插座　　空白面板

图 7.7　插座

(三) 辅料

1. 电线套管

电线套管如图 7.8 所示。

2. 暗盒

暗盒如图 7.9 所示。

3. 配电箱

配电箱如图 7.10 所示。

(四) 灯具

1. 吸顶灯

吸顶灯如图 7.11 所示。

图 7.8　电线套管

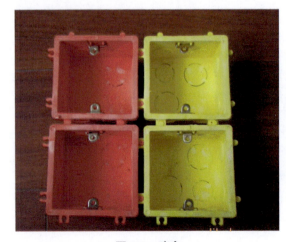

图 7.9　暗盒

图 7.10　配电箱

2. 吊灯

吊灯如图 7.12 所示。

3. 筒灯

筒灯如图 7.13 所示。

图 7.11　吸顶灯

图 7.12　吊灯

图 7.13　筒灯

4. 射灯

射灯如图 7.14 所示。

5. 壁灯

壁灯如图 7.15 所示。

6. 落地灯

落地灯如图 7.16 所示。

图 7.14　射灯

图 7.15　壁灯

图 7.16　落地灯

二、电气工程施工

（一）施工基本要求

（1）建筑电气照明装置安装工程的施工技术及质量控制，应严格遵守国家现行标准《建筑电气照明装置施工与验收规范》（GB 50617—2010）的规定。

（2）配电箱户表应根据室内用电设备的不同功率分别配线供电（见图 7.17）；大功率家电设备应独立配线安装插座。

（3）电器、电料的规格、型号应符合设计要求及国家现行电器产品标准的有

图 7.17　强、弱电分别配线供电

图 7.18 按照图纸施工

关规定。电器、电料的包装应完好,材料外观不应有破损,附件、备件应齐全。塑料电线保护管及接线盒必须是阻燃型产品,外观不应有破损及变形。

(4) 电气照明装置施工前,其他装饰装修工种应全部结束,对电气施工应无任何妨碍。施工前,应先检查预埋件及预留孔洞的位置、几何尺寸是否符合设计要求,应将孔洞内杂物清理干净,预埋件固定应牢固、端正、合理和整齐。

(二) 施工要点

(1) 如图 7.18 所示,应严格按照设计人员制作的图纸进行施工,应根据用电设备位置,确定管线走向、标高及开关、插座的位置。电源线配线时,所用导线截面积应满足用电设备的最大输出功率。

(2) 暗线敷设必须配管。当管线长度超过 15 m 或有两个直角弯时,应增设拉线盒。同一回路电线应穿入同一根管内,但管内电线总根数不应超过 8 根,电线总截面积(包括绝缘外皮)不应超过管内截面积的 40%。施工过程中,施工人员在墙面确定好暗盒的安装位置后,在开线槽时(见图 7.19),开凿深度一般要求为所用线管截面积的两倍,线槽在墙上的位置必须是横平竖直的,暗盒的高度也应一致(见图 7.20)。

图 7.19 开线槽

图 7.20 暗盒高度一致

(3) 强电线与弱电线不得穿入同一根管内。穿入配管的导线的接头应设在接线盒内,接头搭接应牢固,绝缘带包缠应均匀紧密。

(4) 强电线及插座与弱电线及插座的水平间距不应小于 500 mm。电线与暖气、热水、煤气管之间的平行距离不应小于 300 mm,交叉距离不应小于 100 mm。插座底边距地宜为 300 mm,开关板底边距地宜为 1400 mm。

(5) 当吊灯自重在 3 kg 及以上时,应先在顶板上安装后置埋件,然后将灯具固定在后置埋件上。严禁安装在木楔、木砖上。

(6) 连接开关、螺口灯具的导线时,相线应先接开关,开关引出的相线应接在灯中心的端子上,零线应接在螺纹的端子上。

(7) 同一室内的电源、电话、电视等的插座面板应在同一水平标高上,高差应小于 5 mm。

(8) 厨房、卫生间应安装防溅插座,开关宜安装在门的外开启侧的墙体上。

第二节 卫生器具及管道安装工程

一、施工材料

（一）管道

1. PP-R 管

PP-R 管（无规共聚聚丙烯管）由于在施工中采用熔接技术，所以也俗称热熔管。由于其无毒、质轻、耐压、耐腐蚀，是目前建筑装饰工程中首选的管道材料，这种材质不但适用于作冷水管道，也适用于作热水管道。PP-R 管如图 7.21 所示。PP-R 管连接件如图 7.22 所示。

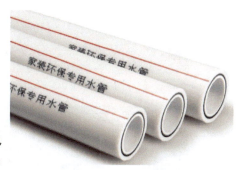

图 7.21　PP-R 管

等径弯头(90°)　　等径弯头(45°)　　异径弯头　　等径三通　　异径三通

过桥弯　　过桥弯管(S3.2系列)　　外牙直通　　内牙直通　　外牙弯头

带座内牙弯头　　内牙弯头　　内牙三通　　外牙三通　　外牙活接

图 7.22　PP-R 管连接件

2. PVC 管

PVC(聚氯乙烯)塑料管是一种现代合成材料管，PVC 管用于建筑装饰中的排污管道。PVC 下水管如图

7.23 所示。

(二) 卫生器具

卫生器具如图 7.24 至图 7.28 所示。

图 7.23　PVC 下水管

图 7.24　浴盆

图 7.25　蹲便器

图 7.26　坐便器

图 7.27　花洒

图 7.28　洗手盆

（三）辅料

1. 地漏

地漏是连接排水管道系统与室内地面的重要接口，作为住宅中排水系统的重要部件，它的性能好坏直接影响室内空气的质量，对卫浴间的异味控制非常重要。地漏如图 7.29 所示。

2. 三角阀

三角阀如图 7.30 所示。

图 7.29 地漏

图 7.30 三角阀

3. 金属软管

金属软管如图 7.31 所示。

4. 生料带

生料带的化学成分是聚四氟乙烯，暖通和给排水工程中普遍使用普通白色生料带，生料带是水暖安装中常用的一种辅助用品，用于管件连接处，增强管道连接处的密闭性。生料带如图 7.32 所示。

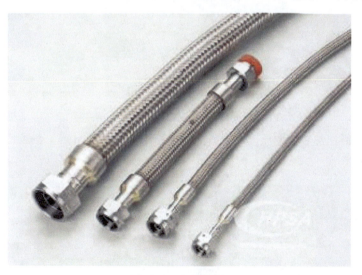
图 7.31 金属软管

图 7.32 生料带

二、卫生器具及管道安装施工

（一）施工基本要求

（1）管道表面应光滑、平整，给水塑料管材表面不允许有气泡。管道不允许有裂口以及明显的痕迹和凹陷，色泽应均匀。管件外观应完整无缺损、变形、开裂，管件的物理力学性能应符合国家有关标准。

（2）管道需要穿越金属构件、墙体、楼板和屋面时，应在管道穿越部位设置金属材料制的保护套管。管道不得穿越门窗和壁橱等木质装饰材料。

（3）管道的固定卡子与管道应紧密接触，不得损伤管道表面。

（4）多种管道并排敷设时，应留有不小于 50 mm 的净距。塑料管道宜在金属管道的内侧。

（二）施工要点

（1）各种卫生器具与地面或墙体的连接应用金属固定件安装牢固。金属固定件应进行防腐处理。当墙体为多孔砖墙时，应凿孔填实水泥砂浆后再进行固定件安装。当墙体为轻质隔墙时，应在墙体内设后置埋件，后置埋件应与墙体连接牢固。

（2）各种卫生器具安装使用的管道连接件应易于拆卸、维修。排水管道连接应采用有橡胶垫片的排水栓。卫生器具与金属固定件的连接表面应安置铅质或橡胶垫片。各种卫生陶瓷类器具不得采用水泥砂浆窝嵌。

（3）各种卫生器具与台面、墙面、地面等的接触部位均应采用硅酮胶或防水密封条密封。卫生器具安装验收合格后应采取适当的成品保护措施。

（4）管道敷设（见图 7.33）应横平竖直，管卡位置及管道坡度等均应符合规范要求。各类阀门安装应位置正确且平正，便于使用和维修。嵌入墙体、地面的管道应进行防腐处理并用水泥砂浆保护，水泥砂浆的厚度应符合下列要求：墙内冷水管不小于 10 mm、热水管不小于 15 mm，嵌入地面的管道不小于 10 mm。嵌入墙体、地面或暗敷的管道应作为隐蔽工程验收。

图 7.33 管道敷设

（5）冷热水管安装（见图 7.34）时应遵循左热右冷的原则，平行间距应不小于 200 mm。当冷热水供水系统采用分水器供水时，应采用半柔性管材连接。

图 7.34 冷热水管安装

（6）各种新型管材的安装应按生产企业提供的产品说明书进行施工。

第三节 采暖工程

采暖是一项广泛应用的建筑室内供热技术，主要分集中供暖和分户供暖两种。集中供暖是比较传统的供暖方式，主要分两种：市政热力管网或小区内锅炉集中供暖。分户供暖即每户独立成一个供暖体系，除了空调采暖，根据热源不同分为水暖和电暖两种；根据热源在室内的部位不同分为墙暖和地暖两种。

一、地暖

地暖又叫低温辐射地面采暖。简单地说，地暖是先将地面加温，再通过地面将热量向上传导，达到提高室内气温的目的。地暖根据热源不同分为水暖源地暖和电暖源地暖两种。

（一）水暖源地暖

水暖源地暖（简称水暖）的热源是热水，热水流经埋在地下的盘管，将地面温度升高。水暖由采暖炉、盘管、温控器、分水器组成。

1. 采暖炉

采暖炉就是将水加热的炉子，分气炉和电炉两种。气炉的使用成本比电炉要低。采暖炉的尺寸比普通的燃气热水器稍大，可以采取挂墙方式安装在厨房或阳台墙壁上，所以也叫壁挂炉。采暖炉内分采暖热水和生活热水两个独立的体系，一个体系供应地暖循环用水，另一个体系供应洗澡、洗菜等生活用水，代替了传统家用热水器的功能。采暖炉的优势是出水量大且热水温度稳定。壁挂炉如图 7.35 所示。

2. 盘管

盘管（见图 7.36）是按照一定规律弯曲排列在地面上的水管，从壁挂炉内流出的热水流经盘管后再回到壁挂炉内。盘管的材料必须要有良好的柔韧性和高温稳定性。目前适合做盘管的材料主要有两种，即 PE-RT（耐热增强型聚乙烯）地暖管和 PB（聚丁烯）地暖管，PB 管的综合性能比 PE-RT 管强，使用更广泛。

图 7.35　壁挂炉

在施工时，为了保证盘管不漏水，每个回路采用的是整管无接头安装，盘管要经过至少三次检验，第一次是出库时检测，第二次是盘管铺设结束后打压测试，第三次是水暖表面保护层做好后再进行打压测试。打压测试方法如图 7.37 所示。

水从壁挂炉流出一直到流回壁挂炉的一整段盘管称为一个回路，小房间用一个回路即可，大房间可能就需要用到 2~3 个回路。盘管布线图如图 7.38 所示。

图 7.36 盘管

图 7.37 打压测试

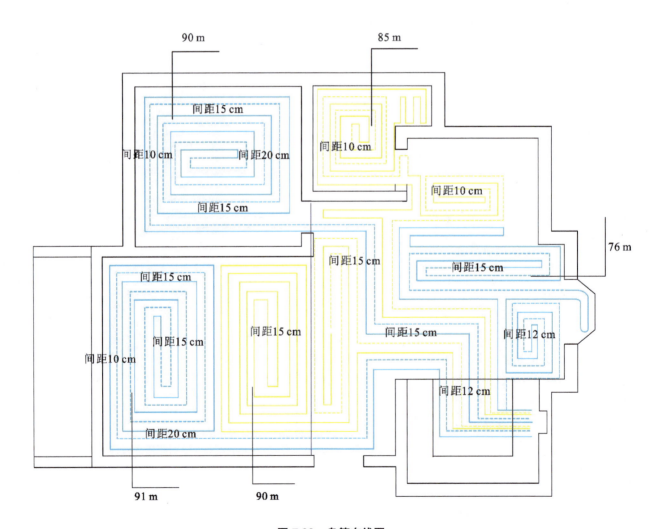

图 7.38 盘管布线图

3. 温控器

温控器（见图 7.39）就是"温度控制器"，它的大小和普通的开关差不多，也是安装在 86 型暗盒上的，安装高度也和普通的开关一样。在温控器的下面装有空气温控探头，当室温达到设定温度时，程序使地暖停止工作；当室温降至设定温度以下时，再次启动地暖复工。

图 7.39　温控器

4. 分水器

分水器（见图 7.40）是将热水分送到各个回路的设备。它相当于一个调度室，哪个回路是否需要供水，各个回路内的水压是否均衡，全部由分水器来控制。

（二）电暖源地暖

电暖源地暖（简称电暖）是电缆通电后发热，将地面温度升高。电暖结构较简单，由发热电缆和温控器两部分组成。

1. 发热电缆

发热电缆是通电后会发热的线缆。发热电缆外面套有性能良好的保护层，无须担心里面的发热电线芯会受到破坏。国家标准规定发热线缆直径不低于 0.6 cm。发热电缆如图 7.41 所示。

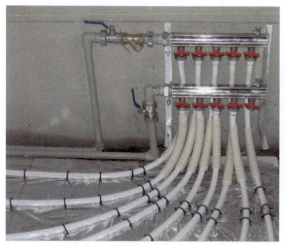
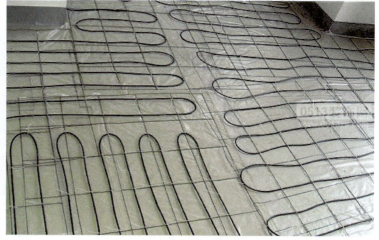

图 7.40　分水器　　　　　　　　　　图 7.41　发热电缆

2. 温控器

与水暖的温控器工作原理相似。

二、墙暖

墙暖普遍使用水暖供热方式，通过安装在墙上的散热片（见图7.42）采暖，升温效果较好。

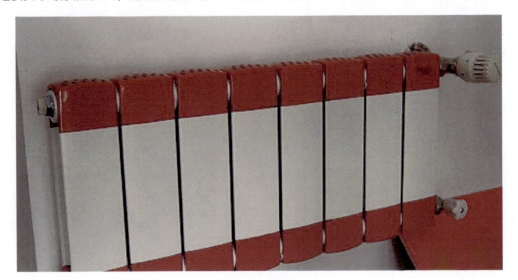

图 7.42　散热片

第八章 其他部位装饰施工

QITA BUWEI ZHUANGSHI SHIGONG

第一节 防水工程

防水工程主要是用于卫生间、厨房、阳台的防水施工。防水施工普遍采用涂膜防水。防水工程应在地面、墙面隐蔽工程完毕并经验收合格后进行，其施工方法应符合国家现行标准的有关规定。

一、施工基本要求

防水施工时应设置安全照明，并保持通风。施工环境温度应符合防水材料的技术要求，并宜在 5 ℃以上。防水工程应做两次蓄水试验。防水涂料的性能应符合国家现行标准的有关规定，并应有产品合格证书。

二、施工要点

（1）防水基层（见图 8.1）表面应平整，不得有松动、空鼓、起砂、开裂等缺陷，基层含水率应符合防水材料的施工要求。地漏、套管、卫生洁具的端部、阴阳角等部位，应先做防水附加层。防水层应从地面延伸到墙面，并高出地面 100 mm；浴室墙面的防水层不得低于 1800 mm。

图 8.1　防水基层

（2）防水砂浆的配合比应符合设计或产品的要求，防水层应与基层结合牢固，表面应平整，不得有空鼓、裂缝、麻面、起砂等缺陷，阴阳角应做成圆弧形。保护层水泥砂浆的厚度、强度应符合设计要求。

（3）涂膜防水施工时涂膜涂刷应均匀一致，不得漏刷，总厚度应符合产品技术性能要求。

第二节 轻质隔墙工程

轻质隔墙工程一般指板材隔墙、骨架隔墙和玻璃隔墙等非承重轻质隔墙的施工。

一、施工基本要求

（一）一般规定

轻质隔墙的构造、固定方法应符合设计要求。轻质隔墙材料在运输和安装时，应轻拿轻放，不得损坏表面和边角，应防止其受潮变形。板材隔墙、饰面板安装前应按品种、规格、颜色等进行分类选配。轻质隔墙与顶棚、墙体的交接处应采取防开裂措施。接触砖、石、混凝土的龙骨和埋置的木楔应做防腐处理。胶黏剂应按饰面板的品种选用，若现场配置胶黏剂，其配合比应由试验决定。

（二）主要材料质量要求

板材隔墙的墙板、骨架隔墙的饰面板和龙骨、玻璃隔墙的玻璃应有产品合格证书。饰面板表面应平整，边沿应整齐，不应有污垢、裂纹、缺角、翘曲、起皮、色差和图案不完整等缺陷。胶合板不应有脱胶、变色和腐朽。复合轻质墙板的板面与基层（骨架）的黏结必须牢固。

二、骨架隔墙的施工

墙位放线应按设计要求，沿地、墙、顶弹出隔墙的中心线和宽度线，宽度线应与隔墙厚度一致，弹线应清晰，弹线位置应准确。

（一）龙骨的安装施工

1. 轻钢龙骨的安装

（1）应按弹线位置固定沿地、沿顶龙骨及边框龙骨，龙骨的边线应与弹线重合。龙骨的端部应安装牢固，龙骨与基体的固定点间的间距应不大于 1 m。

（2）竖向龙骨应安装垂直，龙骨间距应符合设计要求。潮湿房间和钢板网抹灰墙的龙骨间距不宜大于 400 mm。

（3）安装支撑龙骨时，应先将支撑卡安装在竖向龙骨的开口方向，卡距宜为 400～600 mm，距龙骨两端的距离宜为 20～25 mm。

（4）安装贯通龙骨时，低于 3 m 的隔墙安装一道龙骨，3～5 m 隔墙安装两道龙骨。

（5）饰面板横向接缝处不在沿地、沿顶龙骨上时，应加横撑龙骨固定。

（6）门窗或特殊节点处安装的附加龙骨应符合设计要求。

如图 8.2 所示为轻钢龙骨的安装。

图 8.2　轻钢龙骨的安装

2. 木龙骨的安装

（1）木龙骨的横截面积及纵、横向间距应符合设计要求。

（2）骨架横、竖龙骨宜采用开半榫，并加胶、加钉连接。

（3）安装饰面板前应对龙骨进行防火处理。

如图 8.3 所示为木龙骨的安装。

（二）饰面板的安装

安装饰面板前应检查骨架的牢固程度，以及墙内设备管线及填充材料（见图 8.4）的安装是否符合设计要求，如有不符合处应采

图 8.3　木龙骨的安装

取措施。

1. 纸面石膏板的安装

（1）石膏板宜竖向铺设，长边接缝应在竖龙骨上。

（2）龙骨两侧的石膏板及龙骨一侧的双层板的接缝应错开，不得在同一根龙骨上接缝。

（3）轻钢龙骨应用自攻螺钉固定，木龙骨应用木螺钉固定。石膏板周边钉的间距不得大于 200 mm，板中钉的间距不得大于 300 mm，螺钉与板边距离应为 10～15 mm。

（4）安装石膏板时应从板的中部向板的四边固定。钉头略埋入板内，但不得损坏纸面，钉眼应进行防锈处理。

（5）石膏板的接缝应按设计要求进行板缝处理（见图 8.5）。石膏板与周围墙或柱之间应留有 3 mm 的槽口，以便进行防开裂处理。

图 8.4　填充材料

2. 胶合板的安装

胶合板的安装如图 8.6 所示。

图 8.5　板缝处理

图 8.6　胶合板的安装

（1）胶合板安装前应对板背面进行防火处理。

（2）轻钢龙骨应采用自攻螺钉固定。木龙骨采用圆钉固定时，钉距宜为 80～150 mm，钉帽应砸扁；采用钉枪固定时，钉距宜为 80～100 mm。

（3）阳角处宜做护角。

（4）胶合板用木压条固定时，固定点间距不应大于 200 mm。

三、板材隔墙的施工

板材隔墙的安装如图 8.7 所示。

墙位放线应清晰，位置应准确。隔墙上下基层应平整、牢固。板材隔墙的安装应符合设计和产品构造要求。安装板材隔墙时宜使用简易支架，板材隔墙所用的金属件应进行防锈处理，拼接用的芯材应符合防火要求，在板材隔墙上开槽、打孔应用云石机切割或用电钻钻孔，不得直接剔凿或用力敲击。

图 8.7 板材隔墙的安装

四、玻璃隔墙的施工

(一) 玻璃砖墙的安装施工

玻璃砖墙的安装见图 8.8 所示。

图 8.8 玻璃砖墙的安装

(1) 玻璃砖墙安装施工宜以 1.5 m 高为一个施工段，待下部施工段胶结材料达到设计强度后再进行上部施工。

(2) 玻璃砖墙面积过大时应增加支撑。玻璃砖墙的骨架应与建筑物结构层连接牢固。

(3) 玻璃砖应排列均匀整齐、表面平整，嵌缝的油灰或密封膏应饱满密实。

(二) 平板玻璃隔墙的安装

平板玻璃隔墙的安装见图 8.9 所示。

(1) 墙位放线应清晰，弹线位置应准确。隔墙基层应平整、牢固。

图 8.9 平板玻璃隔砖墙的安装

(2) 骨架边框的安装应符合设计和产品组合的要求。

(3) 压条应与边框紧贴，不得弯棱、凸鼓。

(4) 安装玻璃前应对骨架、边框的牢固程度进行检查，如有不牢应进行加固。

(5) 玻璃安装应符合第五章门窗工程中的有关规定。

第三节 壁柜的制作

壁柜（见图 8.10）的制作分为现场制作和定制整体壁柜两种。

图 8.10　壁柜

一、施工基本要求

根据设计要求及地面和顶棚标高，确定壁柜的平面位置和标高。制作木框架时，整体立面应垂直、平面应水平，框架交接处应做榫连接，并应涂刷木工乳胶。侧板、底板、面板应用扁头钉与框架固定牢固，钉帽应做防锈处理。抽屉应采用燕尾榫连接，安装时应配置抽屉滑轨。五金配件可先安装就位，油漆之前将其拆除，五金配件安装应整齐、牢固。

二、施工要点

(1) 制作壁柜可用木芯板或指接板等板材做结构，五厘板做背板。

(2) 五金配件安装位置要适当，超过 1 m 长的柜门要安装三个铰链，上下两铰链中心距柜门边缘 100~200 mm，拉手位置要符合人体工程学原理。

（3）壁橱固定时背面放防潮棉，或背面做防水、防潮层。

（4）框架结构的固定柜体应用榫连接，板式结构的固定柜体应用专业连接件连接，潮湿部位的固定柜体、木门套应做防潮处理。

第四节 橱柜的制作安装

橱柜是必需的家居生活用品，橱柜的制作分为现场制作安装，以及整体橱柜现场测量设计，工厂定制，再现场安装两种。

一、施工基本要求

现场制作橱柜应根据设计要求及地面和顶棚标高，确定橱柜的平面位置和标高，整体立面应垂直、平面应水平。使用的人造木板、胶黏剂的甲醛含量应符合国家现行标准的有关规定，应有产品合格证书。抽屉应采用燕尾榫连接，安装时应配置抽屉滑轨。

二、施工要点

（1）安装前检查、清理现场，安装技师应先拿出图纸与现场情况进行比对，确认图纸与现场是否一致。

（2）橱柜进场后应按照地柜→吊柜→台面→龙头→水盆→灶具→电器的顺序进行安装。橱柜施工如图8.11所示。

图 8.11　橱柜施工

（3）安装地柜前，工人应该对厨房地面进行清扫，地柜码放完毕后，需要对地柜进行找平，通过地柜的调节腿调节地柜水平度。

（4）橱柜安装完毕后，应采取成品保护措施。